新型职业农民培育系列教材

食用菌
栽培实用技术

◎ 王晓应　胡久义　刘玉军　主编

U0349182

中国农业科学技术出版社

图书在版编目（CIP）数据

食用菌栽培实用技术／王晓应，胡久义，刘玉军主编. —北京：中国农业科学技术出版社，2016.9

ISBN 978-7-5116-2740-7

Ⅰ.①食… Ⅱ.①王…②胡…③刘… Ⅲ.①食用菌-蔬菜园艺 Ⅳ.①S646

中国版本图书馆 CIP 数据核字（2016）第 218335 号

责任编辑 崔改泵
责任校对 杨丁庆

出 版 者 中国农业科学技术出版社
　　　　　北京市中关村南大街 12 号　　邮编：100081
电　　话 （010）82109194（编辑室）　（010）82109702（发行部）
　　　　　（010）82106629（读者服务部）
传　　真 （010）82106650
网　　址 http://www.castp.cn
经 销 者 各地新华书店
印 刷 者 北京富泰印刷有限责任公司
开　　本 850mm×1 168mm　1/32
印　　张 7
字　　数 170 千字
版　　次 2016 年 9 月第 1 版　2018 年 3 月第 4 次印刷
定　　价 28.00 元

《食用菌栽培实用技术》

编 委 会

前　言

　　食用菌是供人类食用的大型真菌。中国的食用菌达 938 种，人工栽培的 50 余种。食用菌产业是一项集经济效益、生态效益和社会效益于一体的农村经济发展项目，食用菌又是一类有机、营养、保健的绿色食品。发展食用菌产业符合人们消费增长和农业可持续发展的需要，是农民快速致富的有效途径。因此，食用菌产业作为一种适应社会市场经济的产业日益发展壮大起来，人们对于食用菌的栽培技术研究也是越来越多。

　　本书共 8 章，包括概论、食用菌消毒灭菌、食用菌菌种生产、食用菌规模化生产、食用菌的高产栽培技术、食用菌病虫害及其综合防治、食用菌的贮藏保鲜和加工技术、食用菌产品的市场营销等内容，详细介绍了 22 种食用菌成熟的栽培技术。

　　由于编者水平所限，加之时间仓促，书中不尽如人意之处在所难免，恳切希望广大读者和同行不吝指正。

编　者

2016 年 7 月

目　录

第一章 概 论

第一节 食用菌的概念

一、食用菌的概念

食用菌是指可供人们食用的具有肉质或胶质子实体的大型真菌。食用菌种类繁多，俗称"菇""蕈""菌""蘑""耳""芝"等，诸如木耳、银耳、香菇、平菇、口蘑、灵芝、羊肚菌、牛肝菌等。

二、食用菌的特点

食用菌作为大型真菌，有如下特点。

（1）大多数食用菌的生产周期较短。如草菇从播种到出菇只需 7~10d，30d 可结束生产；平菇下种后 30d 即可出菇，收 4 茬菇，半年即可结束生产。

（2）食用菌的子实体个体较大，属于大型真菌。如木耳的子实体宽 2~12cm，香菇菌盖宽 5~21cm、菌柄长 1~5cm。

（3）不含叶绿素，不能进行光合作用，无根、茎、叶的分化，必须依靠分解自然界存在的多种有机物来进行生长，属异养生物。

第二节 我国食用菌栽培历史及概况

一、我国古代对食用菌的认识

我国利用食用菌具有悠久的历史，大约在公元前 5 000 年，新石器时代河姆渡遗址的居住区中就发现了成堆的谷物、橡子、茭白、菌类、藻类等的残留物，据此推测当时居民即已采食菌类。公元前 300 年，《礼记·内则》记周朝王室食事，王者"食所加庶，羞有芝栖"，菇类已成为宫廷美食。公元前 239 年的《吕氏春秋》又载有"味之美者，越骆之菌"。后魏贾思勰所著《齐民要术》一书中，就记载了"菰鱼羹""椠淡""焦菌法""木耳菹"等食用菌烹调方法。

秦汉以后，随着唐宋文化的昌盛，我国人民对大型真菌的观察和认识，也从零星记载，逐步走向深入与系统化，并从生产与生活实践中积累经验，编撰为专著，或某些农学和药物学著作中的专款。唐朝段成式《酉阳杂俎》第十九卷有世界上最早的关于竹荪的精确记载。《植物名实图考长编》一书载有宋代陈仁玉的《菌谱》，其中有一段关于"合蕈"的记载，描述了"合蕈"即香菇生长时的菌候（包括气候、季节与物候）、形态特征及独特的香味，赞美它香与味并佳，是各种食用菌中独一无二的上品。

清代吴林著的《吴菌谱》为苏州地方菌志，该书对常见的食用菌，按其食用价值，分为上、中、下品，从形态描述到出菇季节、采集地点乃至毒菌问题，都有较详细的记载。

从以上我国古代对食用菌的认识可以看出，数千年来我们的祖先已对食用菌进行了深入了解和利用，积累了丰富的知识。

二、野生食用菌的栽培历史

我国食用菌的驯化栽培，一般认为起源于唐代，实际上可以上溯到公元 1 世纪。王充《论衡·初禀篇》内已有"紫芝之栽如豆"的记载。唐代韩鄂《四时纂要》内记载的食用菌栽培法已十分详细："三月种菌子，取烂构木及叶，于地埋之，常以泔浇令湿，三两日即生。"明代俞宗本《种树书》也有记载："正月种蕈，取烂谷木截断，埋于水地，围草盖，常以米泔浇之，则生，宜用丁开日采。"据裴维蕃、刘波考证，韩鄂所记载的菌子，就是现在所说的金针菇。

元代王祯所撰的《农书》（1313）是继《齐民要术》之后，我国又一部珍贵的农业科学巨著。其中"菌子"一段中，记载了山区农民栽培香菇的经验。唐代已有木耳人工栽培的记载。李时珍在《本草纲目》中引了唐代苏恭的话："桑、槐、楮、榆、柳，此为五木耳。软者并堪啖。楮耳人常食，槐耳疗痔。煮浆粥安诸木上，以草覆之，即生蕈尔。"从上述记载中可知，早在公元前 7 世纪，我国人民不但观察到木耳可以生长在上述五种树木上，而且提出了一种人工接种的方法。

草菇的人工栽培历史相对较短，但最少也有 200 年以上的历史。1822 年《广东通志》记载："南华菇，南人谓菌为蕈，豫章（指江西）岭南（大瘐岭之南）又谓之菇，产于曹溪南华寺者，名南华菇，亦家蕈也，其味不下于北地蘑菇。"《英德县续志》（1911）具体记述了从南华寺学得的草菇栽培技术。我国的草菇栽培技术由侨胞介绍到东南亚各国，故草菇又名"中国蘑菇"。

从以上野生食用菌的驯化栽培技术的发展来看，当今世界上的六大食用菌（双孢蘑菇、平菇、香菇、草菇、金针菇和木耳）中，除双孢蘑菇和平菇为法国和德国首先栽培外，其余四种均为我国首创。而且除草菇稍晚外，其他三种都远较"双孢蘑菇"为早。

第三节　食用菌的产业化

一、食用菌产业化的发展

20 世纪 50 年代至今是我国食用菌产业兴起和蓬勃发展阶段。食用菌的基础研究和技术创新成果，有力地推动了我国食用菌栽培技术的发展，使其从半野生、半人工栽培状态，提高到真正完全的人工栽培水平。

食用菌生产，真正的完全人工栽培技术，从技术因素讲，至少要有 3 个方面：一是人工培育菌种，并进行有计划的播种；二是人工配制适合菇类生长的培养基，并采用一定的容器；三是在菇类生长过程中进行科学管理。科学的管理是建立在菇类生理生态、遗传育种、微生物技术、园艺学实践等基础上的。由于我国在这些领域有了必要的研究和积累，才为我国食用菌栽培摆脱半野生、半人工栽培的状态，准备了充分的理论和技术。

棉籽壳培养料栽培食用菌的成功与推广，为我国木腐菌生产以人工培养基取代段木开辟了广阔的道路。塑料袋在平菇、银耳、香菇等食用菌栽培上成功应用，从而找到了人工培养基适宜的容器。这两项技术上的创新，推动了我国食用菌人工栽培的蓬勃发展。

在我国传统食用菌栽培技术日臻成熟的同时，对一些新驯化食用菌生物学特性的研究也不断取得新的进展，猴头、竹荪、鸡腿菇、金耳、茶树菇、阿魏菇、杏鲍菇、白灵菇等也相继驯化栽培成功，并在我国大面积推广。

二、食用菌产业发展前景

(一) 食用菌将成为人类食物结构的重要组成部分

世界人口剧增,导致能源、粮食,尤其是蛋白质缺乏。人类食用的蛋白质来源于生物,现在人类的主要食用蛋白质来自能食用的植物和动物,但是现有的植物蛋白和动物蛋白已满足不了人类对蛋白的需求。在这种形势下,充分利用无处不有的各种工农林业的副产物、加工的边角废料来生产食用菌,是增加蛋白质资源的有效途径。再加上可以人工栽培的食用菌种类繁多,不同的食用菌又可以适应不同的地区和不同的气候条件,特别是从热带到温带地区更是发展食用菌的有利地带。因此,许多国家都高度重视食用菌事业的发展,各国政府都增拨大量资金来发展食用菌科研,采取优惠政策等,鼓励和支持本国食用菌生产发展,来解决人类蛋白质不足问题。食用菌蛋白质不仅含量高,而且各类氨基酸种类齐全,是一种优质蛋白质。可以预言,食用菌将成为人类食物结构中蛋白质来源之一。

(二) 食用菌生产将成为现代生态农业的一个重要组成部分

食用菌生产在现代生态农业中发挥着重要的作用。传统农业的种植业和养殖业给人类提供的产品,只利用了作物的种子、蔬菜的根茎叶和动物的肉蛋等,大量的有机物副产品未被很好地利用,如秸秆、壳皮、茎须等。食用菌可以将其降解,而且速度快,在物质循环和转化中有很大的优势。在自然界中,植物作为生产者,人和动物作为消费者,食用菌作为分解者,互相协调,维持生态平衡,不仅提高了农业资源利用率,还实现了农业生态系统的良性循环。植物生产、动物生产、菌物生产,在农业中将形成三足鼎立的格局,而且菌物生产在三者中还起着综合利用和纽带作用。因此，食用菌生产在农业生态系统中深受人们的重视，是现代生态农业中一个组成部分。

食用菌种类繁多，不同种类的食用菌可以在不同生态条件下栽培，多数的生态条件都适合食用菌生长；食用菌栽培原料丰富，我国每年生产秸秆皮壳、树枝、树皮、木屑、畜禽粪便等农林牧废弃物 30 亿 t 左右，都可种植食用菌；食用菌生产周期短、见效快，是农业产业结构调整的首选项目；食用菌生产既可进行集约化工厂栽培，又适合千家万户栽培，是实现农村劳动力有序转移的有效途径。

（三）发展食用菌具有良好的经济效益

目前，我国食用菌年产值超亿元的县有近 100 多个，如福建的古田、莆田，浙江的庆元、磐安，河南的泌阳、西峡、鲁山、汤阴、夏邑等。近年来，很多县、乡、村都把食用菌列入支柱产业，食用菌已成为当地经济收入的主要来源，成为高效农业的范例。依据食用菌在农村开发推广的经验，投入产出比一般在 1 :（2~5），如一年四季周年栽培，春秋季种植平菇、香菇，夏季种植草菇、灵芝或反季节栽培大肥菇、香菇等，冬季栽培金针菇、白灵菇，有一定的种植规模，年纯利润都比较可观。种植稀有品种或加工增值，其经济效益更为显著。因此可见，因地制宜，以市场为导向，规模化发展食用菌，经济效益十分显著。

（四）食用菌产品成为工业的重要原料之一

将食用菌加工成各种营养保健食品，可以更好地发挥其价值。英国的食品科研人员从 1965 年开始研究从蘑菇中提取一种营养价值很高的蛋白质，至 1981 年获得成功，受到很高评价，对食品工业产生了深远的影响。在最近几年，国家卫生部批准的三批 200 多种保健食品中，属食药用菌加工的保健食品就有 30 多种，其中"金菇儿童口服液""福寿仙多糖口服液""智灵牌冬虫夏草胶丸""补王虫草精"等颇为畅销。

许多食用菌中都含有不少可以生产抗菌素或具有抗肿瘤活性、增强人体免疫力的成分，其主要化学物质是多糖、多肽、生物碱、萜类化合物、留醇、甙类、酚类、氨基酸及植物激素等。利用这些物质治疗疾病，疗效稳定、无毒性、副作用极小、原料来源广泛，现已开发出 34 种新药，如"蜜环菌片""胃炎康（白耙齿菌）""胃新乐""三降冲剂（复方木耳）""蘑菇风湿丸""金克槐耳冲剂"等。从食药用真菌中寻找药源，开发潜力令人关注。

食用菌能把多种农作物秸秆转化为蛋白质含量很高的饲料，种过菇的菌糠也是一种优质饲料。食用菌菌糠饲料对发展畜牧业有不可低估的作用。

（五）食用菌的生产方式将逐步向规模化、工厂化的方向迈进

我国的食用菌生产方式，主要是依靠自然季节进行，虽然成本低廉、可因地制宜，但产品只能按季节生产，产量不稳定、质量差、不易保鲜。这种低产、低效、资源浪费的生产方式，与当今市场的要求及经济发展不相适应。在国内外市场对食用菌产品要求日益增多、一年四季均衡供应、多品种高质量要求的形势下，为了满足市场新的需求，我国的食用菌生产，除加快培育优良品种、提高食用菌栽培技术外，改进现有食用菌分散的、零星的季节性生产方式，逐步实现规模化、工厂化生产，无疑是食用菌产业持续发展的迫切需要。在这方面，我们已有一定的技术贮备，只要我们认准这一发展方向，不断进取，一定会逐步实现。

综上所述，食用菌产业前途广阔，食用菌产业将成为 21 世纪的朝阳产业。

第四节　发展食用菌的意义

一、食用菌的营养成分

食用菌作为一种食品，符合联合国粮农组织对功能性食品的3个要求，被联合国粮农组织誉为"21世纪的健康食品"。食用菌具备以下3种功能：第一，营养功能。能提供蛋白质、脂肪、碳水化合物、矿质元素、维生素及其他生理活性物质。第二，嗜好功能。色、香、味俱佳，口感好，味道好，具有独特的鲜味，可以刺激食欲。第三，生理功能。有保健作用，食后能参与人体的代谢，维持、调节或改善体内环境的平衡，可以作为一种生物反应调节剂，提高人体免疫力，增强人体防病治病的能力，从而达到延年益寿的作用。

评价食用菌的营养价值，主要是蛋白质、脂肪、碳水化合物、矿质元素、维生素和膳食纤维六大要素的比例和质量。食用菌正是高蛋白、低脂肪、低热量、富含多种矿物质元素和维生素的功能性食品。

菌类食品的营养价值介于动物性食品和植物性食品之间，兼具动物性食品高蛋白和植物性食品低脂肪的优点，是名副其实的高蛋白、低脂肪食品。

（一）蛋白质

蛋白质的含量和质量是评价食品质量的重要标准。食用菌中蛋白质的含量占其鲜重的4%左右，通常占干物质总量的20%~35%，多数为20%~25%。目前食品中蛋白质含量的测定一般采用凯氏定氮法，用测得的总氮量乘以6.25计算获得蛋白质含量。但是食用菌中含有较多的非蛋白氮，所以，计算食用菌中蛋白质的含量应以乘4.38为宜。

食用菌不但蛋白质含量高，而且组成蛋白质的氨基酸种类齐全，一般都含有 17~18 种氨基酸，并含有 7~8 种人体不能合成而又不可缺少的必需氨基酸。大多数食用菌中必需氨基酸占氨基酸总量的 40% 以上，符合联合国粮农组织对优质食品的定义。另外，食用菌蛋白质的消化率较高，大约 70% 的食用菌蛋白质在人体内消化酶作用下，分解成氨基酸被人体吸收，如蘑菇干粉蛋白质超过 42%，蛋白质消化率高达 88.3%。食用菌还含有多种呈味氨基酸，使食用菌具有诱人的鲜味。

（二）维生素

食用菌中含有多种维生素，如维生素 A、硫胺素（维生素 B_1）、核黄素（维生素 B_2）、泛酸（维生素 B_5 或尼克酸）、烟酸（维生素 B_3 或维生素 PP）、吡哆醇（维生素 B_6）、钴胺素（维生素 B_5）、抗坏血酸（维生素 C）、生物素、叶酸、胡萝卜素、维生素 D、维生素 E 等。多数食用菌中维生素 B_1 和维生素 B_2 含量较高。胶质菌的胡萝卜素、维生素 E 含量高于肉质菌，而肉质菌中的草菇、香菇维生素总量高于胶质菌。

（三）水分

新鲜食用菌的含水量通常为 70%~95%，多数为 90% 左右。不同种类的食用菌含水量不同，即使同一种食用菌，不同的栽培原料、管理措施、采收期都会对子实体含水量产生较大影响。

水分含量是影响食用菌鲜度、嫩度和风味的重要成分之一，含水量直接影响贮藏保鲜时间。

（四）碳水化合物

碳水化合物是食用菌中含量最高的组分，一般占干重的 50%~70%。在食用菌碳水化合物中，营养性糖类含量为 2%~10%，包括海藻糖（菌糖）和糖醇。这两种糖是食用菌的甜味成分，它们经水解生成葡萄糖被吸收利用。食用菌碳水化合物中戊糖胶的含量一般不超过3%，但银耳、木耳的戊糖胶含量较高，银耳中戊糖胶的含量占其碳水化合物的14%。戊糖胶是一种黏性物质，具有较强的吸附作用，可以帮助人体将有害的粉尘、纤维排出体外。

食用菌中还含有丰富的糖原（肝糖）和甲壳素（壳多糖），后者是食用菌膳食纤维的主要成分，其含量一般为干重的29%~55%。膳食纤维被认为是有利于健康的食品成分，膳食纤维虽不能被人体消化吸收，但它具有多种生理功能。因此，多摄入富含粗纤维的食用菌，可预防多种疾病，符合当前国内外普遍提倡的改变膳食结构的要求。如给糖尿病病人以高纤维素膳食可以减少其对胰岛素的需求量，并稳定病人的血糖浓度。据分析，常见食用菌的粗纤维含量都较多，是很好的膳食纤维来源。

食用菌中的可溶性多糖成分具有多种生理活性，特别是近年来发现食用菌中的水溶性多糖成分可抑制肿瘤的生长，具有很强的抗肿瘤活性。

（五）矿物质元素

食用菌含有多种矿物质元素。不同菇类所含的矿物质的种类及含量有所不同。测定结果表明，子实体中含有钙、镁、磷、硫、钾、钠等大量元素，相对来说，伞菌子实体中钾和磷的含量最为丰富。食用菌还含有铁、铜、锰、锌等微量元素，铁的含量最高，锌与锰的含量也较为丰富。

（六）脂肪

不同品种的食用菌脂肪含量占其干重的1.1%~8.3%，平均含量为4%。与其他食品相比，有3个突出的特点：一是脂质含量较低，为低热量食物，但天然粗脂肪齐全。二是非饱和脂肪酸的含量远高于饱和脂肪酸，且以亚油酸为主。据分析，目前广泛栽培的几种主要食用菌的非饱和脂肪酸的含量约占总脂肪酸含量的72%。三是植物甾醇尤其是麦角甾醇含量较高。麦角留醇是维生素D的前体，它在紫外线照射下可转变为维生素D，可以促进钙的吸收，预防佝偻病。

二、食用菌的药用价值

（一）抗菌、抗病毒作用

香菇、双孢蘑菇、蜜环菌、牛舌菌、灰树花等多种食用菌都含有抗菌、抗病毒物质，对病毒有明显的抑制作用。据日本菇农介绍，在菇场工作的采菇人员和经营人员几乎不患流感。我国香菇产地也有类似的经验。据日本药学会第113次年会报告，灰树花多糖对HIV病毒有抑制作用，且具有抗艾滋病的功效。

（二）抗肿瘤作用

食用菌中含有的真菌多糖类物质使其具有明显的抗肿瘤作用。真菌多糖是水溶性多糖，国内已在临床上应用的有香菇多糖针剂等。

（三）代谢调节作用

紫丁香蘑子实体含有维生素B_1，有维持机体正常糖代谢的功效，经常食用可以预防脚气病；鸡油菌子实体含有维生素A，经常食用可预防视力失常、眼炎、夜盲、皮肤干燥，亦可治某些呼吸道及消化道疾病。

（四）保肝和预防肝病作用

多数食用菌都有很好的保肝作用，如用双孢蘑菇制成的"健肝片""肝血康复片"，以亮菌为原料制成的"亮菌片"，都是治疗肝炎常用的药物。

（五）抗血栓作用

黑木耳含有一种阻止血凝固的物质，毛木耳中含有腺嘌呤核素，是破坏血小板凝固的物质，可以抑制血栓形成。经常食用毛木耳，可减少动脉粥样硬化病的发生。

（六）降血压、降血脂作用

香菇、双孢蘑菇、长根菇、木耳、金针菇、凤尾菇、银耳等食用菌中含有香菇素、酪氨酸酶、小奥德蘑酮、酪氨酸氧化酶等物质，具有降低血压和胆固醇的作用。

（七）镇静、抗惊厥作用

猴头等有镇静作用，可治疗神经衰弱；蜜环菌发酵物有类似天麻的药效，具有中枢镇静作用；茯神的镇静作用比茯苓强，可宁心安神、治心悸失眠。

三、食用菌的观赏价值

食用菌不仅有很好的食用价值和药用价值，还有很好的观赏价值。如灵芝自古以来就被认为是吉祥如意的象征，将其称为"瑞草"或"仙草"，并赋予了动人的传说。因此用灵芝制作的盆景不同于一般的盆景，除给人以艺术的美感外，还能给信仰者一种精神上的鼓励和安慰，激励人们对生活和自然充满情趣。

许多食用菌都有较高的观赏价值。随着社会需求的增加，食用菌的观赏价值将会越来越得到体现。

第二章　栽培食用菌的消毒灭菌方法

空气、水滴、沙土、尘埃、各种生物及物体表面或孔隙内均存在细菌、真菌的孢子。为了能从培养基上获得纯菌丝体，就必须采用物理或化学的方法进行灭菌或消毒。

消毒是指杀死物体上病原微生物的方法，芽孢或非病原微生物可能仍存活。该任务所涉及的消毒，主要是指在接种空间采用物理和化学方法进行消毒，从而大幅降低接种空间的微生物数，为培养基接种成功奠定基础。同样，对栽培培养料预处理、栽培环境的局部消毒，也是为了减少食用菌生长环境中的微生物数。

灭菌是指杀灭或去除物体上所有微生物的方法，包括抵抗力极强的细菌芽孢。

第一节　物理消毒灭菌

一、热力灭菌

热力灭菌法是利用热能使蛋白质或核酸变性来达到杀死微生物的目的，分为干热灭菌和湿热灭菌两大类，其中湿热灭菌分为常压蒸汽灭菌和高压蒸汽灭菌。

（一）干热灭菌

1. 火焰灼烧灭菌

将能忍受高温而不被破坏的器物，如接种针、铲、耙、镊子、接种环等接种工具的接菌端放在酒精灯火焰的 2/3 处，灼烧、来回过火两三次，即可达到无菌。

2. 干烤（热）灭菌

利用干燥热空气（160~170℃）维持 2h 后，微生物细胞的蛋白质变性，可杀灭包括芽孢在内的所有微生物。适用于耐高温的玻璃器皿、瓷器、玻璃注射器等。

此法灭菌应注意以下几点。

（1）灭菌物在箱内一般不要超过总容量的 2/3，灭菌物之间应留有一定空隙。

（2）灭菌玻璃皿进箱前应晾干，以免温度升高引起破碎。

（3）棉花塞、包装纸等易燃物品不能与灭菌干燥箱的铁板接触，否则易引起棉塞或包装纸烤焦。

（4）升温时，可拨开进气孔和排气孔，温度达到所需温度（如 160~170℃）后关闭，使箱内温度一致。

（5）如不慎灭菌温度超过 180℃或因其他原因，烘箱内发生纸或棉花烤焦或燃烧，应先关闭电源，将进气孔、排气孔关闭，令其自行降温到 60℃以下，才可打开箱门进行处理。切勿在未断电前开箱或打开气孔，否则会促进燃烧酿成更大的事故。

（6）在正常情况下，灭菌完毕，待其自然降温到 100℃后，打开排气孔促其降温，在降到 60℃以下时，再打开箱门取出灭菌物，以免骤然降温使玻璃器具爆破。

3. 红外线灭菌

波长为 760~4 000nm 的红外线是热射线。红外线灭菌器（红外线接种环灭菌器）采用红外线热能灭菌，使用方便、操作简单、对环境无污染，无明火、不怕风、使用安全，广泛应用于生物安全柜、净化工作台、抽风机旁、流动车上等环境中进行微生物实验。

（二）湿热灭菌

湿热蒸汽易流动，比干热灭菌法更适合在大批量物体之间的间隙中渗透。蒸汽具有很强的穿透力，而且其与待灭菌物体接触时凝结成水的过程，同时释放出潜热能，热不断地传导至培养基的深处，逐渐达到内外热平衡，并能在相当长的时间内维持高温，因此达到彻底灭菌目的。

1. 常压蒸汽灭菌法

常压蒸汽灭菌是将灭菌物放在灭菌器中蒸煮，待灭菌物内外都升温到100℃时，维持12~14h。

常压蒸汽灭菌法是菌种生产中普遍采用的方法。常压灭菌的时间通常以见冒大气（100℃）开始计算，一般维持12~14h，灭菌时注意不要将灭菌物排得过密，以保证灭菌锅内的蒸汽流通。开始要求以旺火猛攻，使灭菌灶内的温度尽快上升至100℃，中途不能停火，经常补充热水以防蒸干。此法的优点是建灶成本低、容量大，但灭菌时间长、能源消耗量大。

2. 高压蒸汽灭菌

在密闭的容器内，水经加热后，由于蒸汽不能逸出，致使锅内压力升高，蒸汽的温度随之升高。在高温条件下，保持一定的时间，可以杀死待灭菌物品上的生物，包括耐高温的细菌芽孢、真菌孢子和虫卵。高压蒸汽灭菌是一种高效、快速的灭菌方法，生产上应用最为普遍。

（三）间歇蒸汽灭菌

一般在常压下，将灭菌物放在锅内，用100℃流通蒸汽30~60min来杀灭微生物，然后取出灭菌物，置于28~37℃下培养24h，诱导芽孢和孢子萌发成营养细胞，再以同样方法加热处理，如此反复3次，即可杀灭物品中的微生物。该法不需加压，但操作麻烦，时间长。适于没有高压灭菌设备或不耐100℃以上温度培养基的灭菌。

（四）煮沸灭菌

煮沸灭菌是将待灭菌物品放在水中煮沸 15～20min，可杀死所有微生物的营养体。一般用于接种工具、器材的灭菌。在煮沸时加入 2% 碳酸氢钠或 2% 石炭酸可增强灭菌效果。

二、紫外线杀菌

紫外线是一种短光波，具有较强的杀菌力。其杀菌原理是紫外线会破坏菌体的核酸和蛋白质，从而造成细胞死亡。此外，紫外线照射时可使空气中的氧气转变为臭氧，臭氧具有一定的杀菌作用，常用于接种箱、超净工作台、缓冲室的空间消毒净化。

使用紫外灯杀菌时应注意以下几个问题。

（1）紫外灯每次开启 30min 左右即可，若时间过长，易损坏紫外灯管，且产生过多的臭氧，对工作人员不利。

（2）经过长时间使用后，紫外灯的杀菌效率会逐渐降低，所以隔一定时间后要对紫外灯的杀菌能力进行实际测定，以决定照射的时间或更换新的紫外灯。

（3）紫外线对物质的穿透力很小，对普通玻璃也不能通过，因此紫外线只能用于空气及物体表面的灭菌。

（4）紫外线对眼结膜及视神经有损伤作用，对皮肤有刺激作用，所以开着紫外灯的房间人不要进入，更不能在紫外灯下工作，以免受到损伤。

三、臭氧发生器消毒

臭氧发生器消毒是近年来新出现的物理消毒法，主要用于接种箱、空气流动性较差的小环境内的消毒。环境温度、湿度、发生器放置位置、环境内空气状况均影响臭氧消毒的效果。

四、空气净化法

近年来空气净化已逐渐被采用。使用空气净化只能在密闭室内安装有 1~3 台空气净化机。在工作前 2h 开机,使室内空气不断循环净化。

五、过滤除菌

过滤除菌是利用机械阻留的方法除去介质中微生物的方法,常用于空气过滤和一些不耐高温液体营养物质的过滤。空气过滤采用超细玻璃纤维组成的高效过滤器,通过压缩空气,滤除空气中的微生物,使出风口获得所需的无菌空气,如超净工作台、发酵罐空气过滤、空气净化器等。另外,试管和菌种瓶口的棉塞也起着空气过滤除菌的作用。液体过滤需使用过滤器,并配备减压抽滤装置,可采用抽滤的方法,使液体物质通过过滤器,滤去液体中的微生物。

第二节 化学消毒灭菌

可杀死微生物的化学药剂统称为消毒剂。理想的消毒剂应是杀菌力强、价格低、能长期保存、对人无毒或毒性较小的化学药剂。

常用的消毒药剂如下。

一、氧化剂

(一) 高锰酸钾

高锰酸钾为深紫色晶体,易溶于水,能将细胞内酶氧化,使酶失活，从而使菌体死亡。常用 0.1% ~ 0.2%溶液对床架、器皿、用具和皮肤表面消毒；2% ~ 5%溶液可在 24h 杀死芽孢，浓度为 3%时可杀死厌氧菌，并可随配随用。

（二）漂白粉

漂白粉为白色颗粒状粉末，主要成分为次氯酸钙，有效氯含量为 25% ~ 32%，溶于水生成次氯酸，有很强的氧化作用，易与蛋白质或酶发生氧化作用而使菌类死亡。一般用 5%漂白粉对培养室、菇房的环境进行消毒。

（三）二氧化氯

二氧化氯在常温常压下为黄绿色气体，有刺激性氯臭味。对各种真菌、细菌营养体、病毒等均有很强的杀灭作用，对人无毒害。该消毒剂要随用随配，高浓度会发生爆炸，配制和使用时应避开烟火。目前市场上二氧化氯的商品制剂较多，如必洁仕等。

二、还原剂

甲醛是常用的还原消毒剂，37% ~ 40%的甲醛溶液又称为福尔马林，属强还原性杀菌剂。福尔马林与菌体的氨基酸结合而使蛋白质变性、失活。5%的甲醛溶液可杀灭细菌芽孢和真菌孢子等各种类型的微生物。

生产中常用甲醛对接种室、接种箱、培养室、菇房等处进行熏蒸消毒，用量为 8 ~ 10ml/m³ 甲醛饱和溶液，熏蒸时将甲醛溶液倒入一容器内，加热使甲醛挥发，也可用 2 份甲醛与 1 份高锰酸钾混合，产生的热量使甲醛挥发，密闭 24h。甲醛具有强烈的刺激性，影响健康，使用时要注意安全。熏蒸 24h 后可用 25%氨水喷雾，氨与空气中残留的甲醛结合，消除甲醛气味。

三、表面活性剂

（一）酒精

酒精（乙醇）是常用的表面消毒剂。酒精能降低表面张力，改变细胞膜的通透性及原生质的结构状态，引起蛋白质凝固变性。酒精不能有效杀灭芽孢、病毒等微生物，仅是常用的消毒防腐剂。浓度以 70%~75% 的乙醇杀菌效果最好，无水乙醇因使菌体表面蛋白质快速脱水凝固，形成一层干燥膜，阻止乙醇继续渗入，故其杀菌效果差。

在食用菌生产中，酒精消毒多用于分离材料表面、刀片、接种针、镊子、剪刀、菌种瓶口和操作人员手的消毒，可直接浸泡或用酒精棉球涂擦。

（二）新洁尔灭

新洁尔灭为一种季铵盐阳离子表面活性广谱杀菌剂，杀菌力强，通过破坏微生物细胞膜的渗透性来达到杀菌效果，对皮肤无刺激性，对金属、橡胶制品无腐蚀作用。新洁尔灭的成品为 5% 溶液，使用时浓度稀释成 0.25% 的水溶液，用于双手和器皿表面的消毒，也可用于环境消毒。注意应现用现配。

（三）煤酚皂液

煤酚皂液又名来苏儿，主要成分为甲酚，甲酚含量为48%~52%，可溶于水，性质稳定，耐贮存，杀菌机理与苯酚相同，但杀菌能力比苯酚强 4 倍。一般 1%~2% 溶液用于皮肤消毒，3% 溶液用于环境喷雾消毒。

四、其他消毒剂

（一）气雾消毒盒

气雾消毒盒属于烟熏杀菌剂。粉末状，主要用于接种室、接种箱、养菌室和菇房的消毒，使用时按照 $2\sim6g/m^3$，夏天及阴雨天使用时用量大些，点燃熏蒸 30min 以上，使用之前将环境预先用药剂喷雾增湿，消毒效果则更佳。气雾消毒剂腐蚀性较强，使用后应将接种箱、接种工具、设备定期擦拭一遍。

（二）石灰

石灰分为生石灰、熟石灰两种。以 4 份生石灰加入 1 份水，即化合成熟石灰，为碱性物质，是一种广泛使用的廉价消毒剂。既可破坏培养料表面的蜡质，又可提高 pH 值，抑制大多数酵母菌及霉菌的生长繁殖，从而达到消毒目的，还可提供钙素养料。1%~2%用于拌料，5%～10%用于喷、浸、刷或干撒霉染处或湿环境。注意一定要用新石灰。

（三）多菌灵

多菌灵是一种高效、低毒、广谱的内吸性杀菌剂。常用于生料或发酵料栽培时消毒抑菌，添加多菌灵的用量为 0.1%，最高不超过 0.3%。配料时，将可湿性多菌灵溶解后先与米糠或麸皮混匀，使米糠或麸皮外裹上药剂，再和其他主、辅料混匀。但不同菌类对多菌灵的敏感性不一。木腐生菌类中黑木耳、毛木耳、银耳、猴头均不能在配方中添加多菌灵，否则严重抑制菇类的生长发育。

（四）甲基托布津

甲基托布津为高效、低毒、低残留、广谱、内吸型杀菌剂，用 0.2%粉剂搅拌混合，或 1 000~1 500 倍液空间喷雾。

（五）硫黄

硫黄常用于培养室和接种室熏蒸消毒，$1m^3$空间用量 15g 左右。消毒时将硫黄与少量干锯末混合，放于瓷制或玻璃容器内，点燃产生烟雾即可。为提高消毒效果，使用前应喷水使墙面、地面、器具表面潮湿，提高空气相对湿度，使二氧化硫遇水生成亚硫酸，增强杀菌效果，同时有较好的杀虫、杀鼠效果。

硫黄消毒由于对人体危害较大，现已较少使用。

第三节　生物消毒灭菌

生物消毒杀菌主要为巴氏杀菌，巴氏杀菌采用培养料堆制发酵的方法进行杀菌，即大多数微生物在 60~70℃ 温度下经过一段时间便会失活，从而达到消毒的目的。如栽培双孢菇、鸡腿菇等菌类时，常采用培养料堆制发酵，其中嗜热微生物就会迅速繁殖，由微生物的代谢热产生 60~70℃ 以上高温，使培养料发酵腐熟，同时杀死培养料中杂菌的营养体、害虫的幼虫和虫卵。

第三章 食用菌菌种生产

第一节 培养基的制备

一、菌种培养基

（一）培养基概述

1. 概念

采用人工的方法，按照一定比例配制各种营养物质以供给食用菌生长繁殖的基质，称为培养基。培养基含有食用菌所需的6大营养要素（水分、碳源、氮源、能源、矿质元素和生长素）以及适宜的 pH 值等。设计和制作培养基是进行食用菌菌种生产必需的重要基础工作。培养基成分与配比合适与否，对食用菌菌种的生产工艺有很大影响。良好的培养基能充分保证菌种健康生长，以达到最佳的生产效果；相反，若培养基成分、配比或原料不合适，菌种的生长繁殖效果就差，就容易导致菌种退化，失去优良特性。有无好种在于选，有了好种在于养，养种的首要环节是制培养基。对于食用菌来说，培养基相当于绿色植物生长所需要肥沃土壤。

2. 具备的条件

培养基必须具备3个条件：第一，要含有该食用菌生长发育所需要的营养物质；第二，营养比例适宜，水分和 pH 值适宜，食用菌在培养基上要具有一定的生长反应；第三，必须经过严格的灭菌，从而保持无菌状态。

3. 培养基的类型

（1）**按照培养基营养（原料）来源分类。**

①合成培养基。用化学试剂配制的营养基质称为合成培养基。该培养基的特点是化学成分和含量完全清楚且固定不变的，适于食用菌生长繁殖。其优点是成分清楚、精确、固定，重现性强，适用于进行营养生长、遗传育种及菌种鉴定等精细研究。其缺点是一般食用菌菌丝在合成培养基上生长缓慢，许多营养要求复杂的食用菌在合成培养基上不能生长。

②天然培养基。利用天然来源的有机物配制而成的营养基质称为天然培养基。该培养基的优点是取材广泛，营养丰富，经济简便，食用菌生长迅速。适合于原种和栽培种及生产食用菌时使用。

③半合成培养基。由部分纯化学物质和部分天然物质配制而成的营养基质称为半合成培养基。该培养基能充分满足食用菌的营养要求，大多数食用菌都能在此类培养基上良好生长。

天然培养基与半合成培养基具有营养丰富、原料来源广泛、价格低廉等优点，在生产实践中被广泛采用。

（2）**按照培养基物理状态分类。**

①液体培养基。把食用菌生长发育所需的营养物质按一定比例加水配制而成称为液体培养基。

优点：营养成分分布均匀，有利于食用菌充分接触和吸收养料，因而菌丝体生长迅速且粗壮，同时这种液体菌种便于接种工作的机械化、自动化，有利于提高生产效率。

缺点：需发酵设备，成本较高，也较复杂。液体培养基常用来观察菌种的培养特征以及检查菌种的污染情况。

用途：实验室用于生理生化方面的研究；生产上用于培养

液体菌种或生产菌丝体及其代谢产物。

②固体培养基。以含有纤维素、木质素、淀粉等各种碳源物质为主，添加适量有机氮源、无机盐等，含有一定水分呈现固体状态的培养基。

优点：原料来源广泛，价格低廉，配制容易，营养丰富。

缺点：菌丝生长较液体培养基慢。

用途：是食用菌原种和栽培种的主要培养基。

③固化培养基。将各种营养物质按比例配制成营养液后，再加入适量的凝固剂，如2%左右的琼脂，加热至60℃以上为液体，冷却到40℃以下时则为固体。

用途：主要用于母种的分离和保藏。

（3）按照培养基表面形状分类。

①斜面培养基。斜面培养基制作时应趁热定量分装于试管内，并凝固成斜面的称为斜面培养基，用于菌种扩大转管及菌种保藏。

②平面培养基。固体培养基制作时趁热定量分倒在培养皿内，凝固成平面的称为平板培养基，用于菌种分离及研究菌类的某些特性。

③高层培养基。固体培养基的一种形式，制作时应趁热定量分装在试管内，直立凝固而制成的称为高层培养基。这样接入菌种后虽然发育的面小了一点，但培养基的厚度增大，营养丰富，时间长些也不容易干燥、开裂。常用于保存菌种。

（4）按照培养基用途分类。

①母种培养基。适合于食用菌母种培养和分离菌种时用的培养基，称为母种培养基，一般制成斜面试管，因此，也称为斜面培养基，而母种又称为斜面试管种。

②原种培养基。适合于食用菌原种培养的培养基，称为原种培养基。

③栽培种培养基。适合于食用菌栽培种培养的培养基，称为栽培种培养基。

原种培养基和栽培种培养基在配制上基本相同，但原则上制作原种的培养基要更精细些，营养成分尽可能丰富，而且还要易于菌丝吸收，以使移接的母种菌丝更好地生长发育。

（二）各级菌种培养基的制作

1. 母种培养基的制作

（1）常见母种培养基配方。

①马铃薯葡萄糖培养基（PDA）。马铃薯200g、葡萄糖20g、琼脂18~20g、水1 000ml。此培养基适合于一般食用菌的母种分离、培养、保藏，广泛应用于绝大多数食用菌，是生产中最常用的培养基。

②马铃薯综合培养基（CPDA）。去皮马铃薯200g、葡萄糖20g、琼脂18~20g、磷酸二氢钾2g，硫酸镁2g，维生素$B_1$1片（10mg）、水1 000ml、pH值自然。

③加富PDA培养基1。去皮马铃薯200g、葡萄糖20g、琼脂18~20g、水1 000ml、pH值自然，另外需添加麸皮20g、玉米面5g、黄豆粉5g、磷酸二氢钾2g，硫酸镁2g，维生素$B_1$1片（10mg）。此配方适用于大多数菌种，金针菇、黑木耳、灵芝生长尤其苗壮，可作黑木耳复壮培养基。

④加富PDA培养基2。去皮马铃薯200g、葡萄糖20g、琼脂18~20g、水1 000ml、pH值自然，另外需添加麸皮20g、玉米面5g、黄豆粉2g、磷酸二氢钾0.2g，硫酸镁2g，维生素$B_1$1片（10mg），平菇子实体100g。此配方适用于大多数菌种生长，做平菇的复壮培养基效果显著。

⑤加富PDA培养基3。去皮马铃薯200g、葡萄糖20g、琼脂18~20g、水1 000ml、pH值自然，另外需添加麸皮20g、玉

米面 5g、黄豆粉 2g、磷酸二氢钾 0.2g，硫酸镁 2g，维生素 B_1 1 片（10mg），香菇子实体 100g。此配方适用于大多数菌种生长，可做香菇的复壮培养基，效果显著。

（2）培养基制作工艺流程。

制作培养基流程：制作营养液→分装→塞棉塞→捆扎→灭菌→摆斜面；

制作营养液流程：准备工作，称量、材料预处理→熬煮→过滤→溶解可溶药物→加琼脂→定容→调节 pH 值。

（3）培养基制作方法。

①制作营养液。

• 准备工作。准备好工具，所需工具有电炉子、铝锅、电子秤、削皮刀、菜刀、脱脂棉、报纸、绑绳、纱布、试管、标签纸、记号笔等。

• 称量、材料预处理。按配方准确称量各营养物质。将马铃薯去皮、挖掉芽眼后称量 200g，切成 1cm 见方的小块。琼脂剪碎后用水浸泡。

• 熬煮。将切好的马铃薯块加适量水后放入铝锅中，加热煮沸 20~30min，煮至酥而不烂。

• 过滤。将纱布折成双层，用双层纱布过滤，取滤汁。

• 溶解可溶性药物。将滤汁放到铝锅中，继续加热，再将其余可溶性药物放入，使其溶解。注意在加富 PDA 培养基制作时，为避免发生沉淀，加入的顺序一般是先加缓冲化合物，溶解后加入主要元素，然后是微量元素，再加入维生素等。最好是每种成分溶解后，再加入第二种营养成分。若各种成分均不发生沉淀，也可以一起加入。

• 加琼脂。在沸腾状态下，将剪碎的琼脂条或者融化搅拌好的琼脂粉放入铝锅中继续加热，使其完全溶解。

• 定容。加水，使其溶液定容至 1 000ml。

● 调节 pH 值。一般用 10% HCl 或 10% NaOH 调 pH 值，用 pH 试纸（或 pH 计）进行测试，使 pH 值符合要求。

②分装。培养基配制好后，趁热倒入大的玻璃漏斗中，打开弹簧夹，按需要分装于试管或三角瓶内。

注意事项：

a. 将漏斗导管插入试管中下部，以防培养基沾在管口或瓶口。

b. 分装标准。分装量为试管长度的 1/5 ~ 1/4。注意培养基不能沾污试管口。

③塞棉塞。塞棉塞时，松紧适度，1/3 在管外，2/3 在管内，实际生产中多用硅胶塞。

棉塞的作用：既可过滤空气，避免杂菌侵入，又可减缓培养基水分的蒸发。制棉塞的方法有多种，形状各异，总原则如下：用普通棉花制作；松紧适合，塞头不要太大，一般为球状。

④扎捆。将装好培养基的试管 7~10 支捆在一起，棉塞上包好防水纸（报纸），直立放入高压灭菌锅中。

⑤灭菌。将包扎好的试管直立放入手提高压灭菌锅内，盖上牛皮纸，在 1.05kg/cm^2 的压力下，灭菌 30min。

⑥摆斜面。灭菌后冷却到 60℃ 左右，从锅内取出，趁热摆成斜面。

● 制作斜面培养基。一般斜面长度达到试管长度的 1/2 ~ 2/3 为宜，待冷却后即成斜面培养基。

● 制作平板培养基。将灭菌的三角瓶中的培养基，倒入无菌培养皿中（每皿倒入 15 ~ 20ml），凝固后即成平板培养基。

2. 原种和栽培种培养基的制作

原种和栽培种的培育方法基本相同，只是在接种时接的菌种级别不一样。两菌种培养基的配方可以相同，也可有所区别，由于栽培种经过了母种及原种两次的驯化，其培养基可比原种培养基更粗放些。

(1) 常见原种和栽培种培养基配方。

①木屑培养基配方。细木屑 80%，麸皮 12%，玉米面 1%，黄豆粉 2%，过磷酸钙 1.5%，红糖 0.5%，尿素 0.4%，硫酸镁 0.1%，石灰 1%，石膏 2%，料：水－1：(1.0~1.2)。此配方适合香菇、黑木耳、平菇原种生长，使菌丝粗壮洁白。

②玉米芯培养基配方。玉米芯 80%，麸皮 14%，糖 0.5%，过磷酸钙 1%，石灰 2%，尿素 0.5%，玉米面 2%，料：水＝1：(1.4~1.5)。此配方适合于培养平菇原种，菌丝生长速度快，且菌丝粗壮。

③玉米芯、木屑混合培养基配方。玉米芯 42%，木屑 20%，豆秸 20%，麸皮 10%，过磷酸钙 1.5%，石灰 2%，石膏 1%，糖 0.5%，玉米面 3%，料：水＝1：(1.4~1.5)。此配方适合于培养平菇原种。生长健壮，也可培养金针菇、滑子菇原种。

④软质木屑配方。椴木屑 75%（木线厂下脚料，颗粒较大），麸皮 15%，玉米面 5%，石膏 1.5%，石灰 1%，糖 0.5%，过磷酸钙 1.5%，尿素 0.5%，料：水＝1：1.2 左右。适用于金针菇、滑子菇等分解基质能力较弱的品种使用。

⑤麦粒、木屑培养基配方。新鲜、优质小麦 80%，阔叶树木屑 20%，木屑：水＝1：1 左右，拌木屑用煮小麦水，或在此基础上，加入总量为 0.5% 的过磷酸钙，0.5% 的蔗糖，1% 的石灰，在麦粒煮好后连同木屑拌入。

⑥玉米粒培养基配方。优质新鲜玉米 100%，或后期加入 0.5% 过磷酸钙，0.5% 的糖，1% 的石灰。

玉米粒培养基制作的原种，具备麦粒原种的优点，后劲更足，接种扩繁量更大。

⑦棉籽壳麦麸培养基配方。棉籽壳 87%，麦麸 10%，白糖 1%，石灰 1%，过磷酸钙 1%。此配方适合于培养平菇栽培种，菌丝生长速度快，且菌丝粗壮。

（2）培养基制作工艺流程。

制作谷粒培养基流程：称料→谷粒浸泡吸水→煮沸、沥干捞出→拌料→调节 pH 值→装瓶（袋）→灭菌→出锅、冷却。

制作棉籽壳培养基流程：称料→拌料→调节 pH 值→装瓶（袋）→灭菌→出锅、冷却。

（3）培养基制作方法。

①制作谷粒培养基方法。

● 称料。按配方称量各营养物质。

● 谷粒浸泡吸水。先将洗净的谷粒洗净，再用清水浸泡谷粒，冬季浸泡 12～16h，夏季加 1%石灰（以防变酸）浸泡 8～12h，隔夜换水，使谷粒充分吸胀。

● 煮沸、沥干捞出。将泡好的谷粒放入锅中进行煮沸，文火煮 15～20min，煮至饱胀无白心，切忌煮开花，沥干水分后捞出。

● 拌料。将捞出的谷粒晾至无明水，再将其他余料拌入谷粒中，搅拌均匀。

● 调节 pH 值。一般用石灰或过磷酸钙调 pH 值至 8.0 左右（特殊要求除外）。

● 装瓶（袋）。原种培养基装入菌种瓶（或其他大口瓶），装量约占瓶高的 1/2（非颗粒培养基可装至瓶肩，用锥形棒打一料孔），瓶口擦净，堵棉塞后外包牛皮纸或双层报纸。栽培种培养基一般装入聚丙烯菌种袋，上端套颈圈后如同瓶口包扎法。两端开口的菌种袋可将两端扎活结。要求装得外紧内松，培养料需紧贴瓶壁或袋壁。松散的培养料会导致菌丝断裂及影响对养分、水分的吸收。

- 灭菌。高压灭菌于 126℃ 左右维持 2h；常压灭菌于 100℃ 维持 10~12h，夏季时间可酌情延长。
- 出锅、冷却。灭菌结束后，冷却至 30℃ 以下待接种。

②制作棉籽壳培养基方法。

- 称料。按配方称量各营养物质。
- 拌料。将棉籽壳、麦麸混合为主料，余料溶解于少量水后浇入主料中。边加清水边翻拌，将拌好的料堆在一起闷 1~2h，使料充分吸够水分，夏季时间不宜过长，最终使料的含水量达 60%~65%，即紧握料的指缝中有水渗出而不下滴。
- 调节 pH 值。同谷料培养基制作。
- 装瓶（袋）。同谷料培养基制作。
- 灭菌。同谷料培养基制作。
- 出锅、冷却。同谷料培养基制作。

二、培养基灭菌

配制的培养基应随即灭菌，以防杂菌滋生，使其腐败变质。母种培养基多采用高压蒸汽灭菌。若无较大高压锅，原种、栽培种培养基可采用常压灭菌。灭菌温度及灭菌时间因培养基不同而不同。

（一）母种培养基的灭菌

1. 灭菌

检查高压灭菌锅的水位，加入适宜的水，将分装捆扎好的母种培养基直立放入高压灭菌锅中，打开电源开关，进行加热并排冷气，当排净冷气后，关闭排气阀，将压力上升至 103kPa（1kg/cm²），温度约达 121℃，保持此温度和压力 20~30min 后，关闭电源，停止加热，自然降压至"0"，略开锅盖，灭菌结束。

2. 摆斜面

将温度降至约60℃，母种培养基进行摆斜面，斜面约占管长的1/2，温度较低时，盖一毛巾，以免形成冷凝水。

3. 无菌检查

取数支斜面培养基放入30℃左右的恒温箱中培养2~3d，若无杂菌生长，方可用其接种。若暂时用不完，用纸包好放入4℃冰箱保存，图3-1为斜面试管培养基的制作。

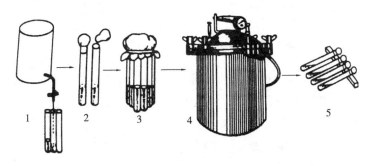

1. 分装试管；2. 塞棉塞；3. 捆扎包好；4. 高压灭菌；5. 摆斜面

图3-1 斜面试管培养基的制作

（二）原种、栽培种培养基的灭菌

1. 灭菌

原种、栽培种培养基的容器大、装量多，应增加灭菌压力及灭菌时间。若采用高压蒸汽灭菌，一般压力为152kPa（1.5kg/cm²）、温度在约128.1℃条件下，保持灭菌时间1~2h。若采用常压灭菌，需保持最高温度10~12h，再闷1d或1晚。要求攻头、控中、保尾。

2. 无菌检查

取几瓶（袋）培养基放入 30℃ 左右的恒温箱中培养 2~3d，若无杂菌生长，方可用其接种。

第二节　菌种的接种

接种是食用菌菌种生产和栽培过程中非常重要的一个环节。人们通常把接种物移至培养基上，在菌种生产工艺中称为接种，而在栽培工艺及生产中称为下种或播种。接种一般在无菌环境中完成。

一、母种的接种

食用菌母种可通过菌种分离获得，母种的扩大需通过转管，其中菌种分离通常分为组织分离、孢子分离和种木分离 3 种方法。

（一）菌种分离

1. 组织分离法

组织分离法是利用食用菌的部分组织经培养获得纯菌丝体的方法。食用菌组织分离法具有操作简便，分离成功率高，便于保持原有品系的遗传特性等优点，因此是生产上最常用的一种菌种分离法。子实体、菌核和菌索等食用菌组织体都是由菌丝体组结而形成的，具有很强的再生能力，可以作为菌种分离的材料。因此，食用菌组织分离法又可分为：子实体组织分离法、菌核组织分离法和菌索组织分离法，生产上常采用子实体组织分离法。

（1）子实体组织分离法。

①伞菌组织分离。伞菌组织分离是采用子实体的任何一部

分如菌盖、菌柄、菌褶、菌肉进行组织培养，获得纯菌丝体的方法。虽然采用子实体的任何一部分都能分离培养出菌种，但是生产上伞菌常选用菌柄和菌褶交接处的菌肉作为分离材料，此处组织新生菌丝发育完好、菌丝健壮、无杂菌污染，采用此处的组织块分离出的菌种生命力强、菌丝健壮、成功率高。不建议使用菌褶和菌柄作为分离材料，因为这些组织主要暴露在空气中，容易被杂菌污染，菌丝的生命力弱，分离成功率低。

子实体组织分离法的基本步骤如图 3-2 所示。

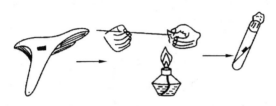

图 3-2 子实体组织分离法

a. 种菇选择。选择头潮菇、生长健壮、特征典型、大小适中、颜色正常、无病虫害、七八分熟度的优质单朵菇作为种菇。

b. 种菇消毒取组织块。将种菇放入无菌接种箱或超净工作台台面上，切去部分菌柄，然后将其放入 75% 的酒精溶液或 0.1% 的升汞溶液中，浸泡约 1min，用镊子上下不断翻动，充分杀灭其表面的杂菌，用无菌水冲洗 2～3 次，再用无菌滤纸吸干表面的水分。有些菇类浸泡时间长了会将组织细胞杀死，可改成用酒精棉反复涂擦。将消毒好的种菇移至工作台面，用消过毒的解剖刀在菌柄和菌盖中部纵切一刀，撕开后在菌柄和菌盖交界处的菌肉部位上下各横切一刀，然后在横切范围内纵切 4～5 刀，即将菌肉切成 4～5 个黄豆大小的菌块组织。

c. 接种培养。用经火焰灭菌的接种针挑取 1 小块菌肉组织，放在试管培养基的斜面中央，一般一个菇体可以分离 6~8 支试管，每次接种在 30~50 支试管，以备挑选用。将接种好的试管置于 20~25℃下培养，2~4d 后可看到组织块上长出白色绒毛状菌丝体，周围无杂菌污染，表明分离成功。再在无菌条件下，用接种钩将新生菌丝的前端最健壮的移接到新的斜面培养基上，再经过 5~7d 适温培养，长满试管后即为纯菌丝体菌种。有时这样的转管提纯操作要进行多次。

d. 出菇实验。将分离得到的试管菌种扩大繁殖，移接培养成原种、栽培种，并小规模进行出菇试验，选择出菇整齐、产量高、质量好的，即可用作为栽培生产用种。

②生长点分离。适用于菇小、盖薄、柄中空的伞菌分离，如金针菇。在无菌条件下，用左手拇指和食指夹住菌柄，右手握住长柄镊子，沿着菇柄向菇盖方向迅速移动，击掉菌盖，在菌柄的顶端露出弧形白色的生长点，用接种镊子或接种针钩取生长点的组织，移入斜面培养基。

（2）菌核组织分离法。菌核组织分离法是采用食用菌菌核组织分离培养获得纯菌丝体的方法。某些食用兼药用菌类，如茯苓、猪苓等子实体不易采集到，它们常以菌丝组织体的形式——菌核形式存在，因此需要采用菌核进行组织分离。

菌核组织分离法的基本步骤如下。

①选择分离材料。选择幼嫩、未分化、表面无虫斑、无杂菌的新鲜个体。

②消毒分离选好种菇后，用清水清洗表面去除杂质，将其放入无菌接种箱或超净工作台，再用无菌水冲洗两遍，无菌纱布吸干水分，用 75% 的酒精棉球擦拭菌核表面进行消毒，用消毒过的解剖刀对半切开菌核，在中心部位挑取黄豆大小一组织块接种至斜面培养基上。

③培养。在约 25℃下培养至长出绒毛状菌丝体，然后转管扩大培养即获得母种。应该注意的是由于菌核是食用菌的营养贮存器官，其内部大部分是多糖物质，菌丝含量较少，因此分离时应挑取大块的接种块进行接种，否则会分离失败。

（3）菌索组织分离法。菌索组织分离法是采用食用菌菌索组织分离培养获得纯菌丝体的方法。如蜜环菌、假蜜环菌一类大型真菌，在人工栽培条件下不形成子实体，也无菌核，它们是以特殊结构的菌索来进行繁殖的，因此可用菌索作为分离材料。

菌索组织分离法的基本步骤如下。

①选择分离材料。选择新鲜、粗壮、无病虫害的菌索数根。

②消毒分离。用清水冲洗菌索表面，去除泥土及杂物，吸干水分后放入无菌接种箱或超净工作台，用酒精棉球对菌索表面进行消毒，用灭过菌的解剖刀将菌索菌鞘割破后小心剥去，将里面的白色菌髓取出置于无菌培养皿中。割取一小段菌髓组织接入斜面培养基中央。

③培养。将完成接种的斜面试管置于适宜温度下培养，待菌丝长出来后经几次转管就可获得母种。需要说明的是，一般情况下所获得的菌索组织都比较细小，分离较为困难，容易污染，为提高分离的成功率，需要在培养基中加入青霉素或链霉素等抗生素，作为抑菌剂抑制杂菌的生长。浓度一般为 40mg/kg，配制时在 1 000ml 的培养基中加入 1%青霉素或链霉素 4ml 即可。

2. 孢子分离法

孢子分离法是指采用食用菌成熟的有性孢子萌发培养成纯菌丝体的方法。孢子是食用菌的基本繁殖单位，用孢子来培养菌丝体是制备食用菌菌种的基本方法之一。食用菌有性孢子分为担孢子和子囊孢子，它承载了双亲的遗传特性，具有很强的生命力，是选育优良新品种和杂交育种的好材料。在自然界中孢子成熟后就会从子实体层中弹射出来，人们就是利用孢子这个特性来进行菌种分离工作的。孢子分离法可分为单孢子分离法和多孢子分离法两种，对于双胞蘑菇、草菇等同宗结合的菌类可采用单孢子分离法获得菌种；而平菇、香菇、木耳等异宗结合的菌类只能采用多孢子分离法获得菌种。

（1）多孢子分离法。利用孢子采集器具将多个孢子接种在同一培养基上，让其萌发成单核菌丝，并自由交配，从而获得纯菌种的方法。多孢子分离法操作简单，没有不孕现象，是生产中较普遍采用的一种分离菌种的方法。多孢子分离法根据孢子采集的方法不同分为孢子弹射分离法、菌褶涂抹法、孢子印分离法、空中孢子捕捉法等。

①孢子弹射分离法。利用成熟孢子能自动弹出子实体层的特性来收集并分离孢子，根据食用菌子实体的不同形态结构，采集孢子的方法有整菇插种法、钩悬法和贴附法。

a. 整菇插种法。伞菌类食用菌如香菇、平菇、金针菇、双孢蘑菇、草菇等多采用此方法采集孢子。方法操作简单，将成熟的种菇经表面消毒后，插入孢子采集器（图3-3）内置于适宜温度下让其自然弹射孢子，获得的孢子在无菌条件下接种到培养基上即可形成纯菌种。

b. 钩悬法。常用于不具菌柄的耳类食用菌，如木耳、银耳等子实体的孢子采集。操作方法为：选取新鲜成熟的耳片，去除耳根及基质碎屑，在无菌条件下，用无菌水冲洗干净，切取肥大的耳片放入烧杯内用无菌水反复冲洗数次，用无菌纱布吸干。从处理好的耳片上切取一小块，孕面朝下钩在灭过菌的金属钩上，将金属钩悬挂于经彻底灭菌并装有1cm厚母种培养基的三角瓶内，塞上棉塞，在23~25℃条件下培养24h，孢子会落在培养基上，在无菌条件下，取出金属钩和耳片，塞上棉塞保存备用，如图3-4所示。

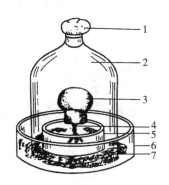

1. 棉塞；2. 钟罩；3. 种菇；4. 种菇支架；5. 培养皿；
6. 大号培养皿或搪瓷盒；7. 浸过升汞的纱布

图3-3　孢子采集器

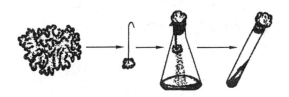

图3-4　钓悬法采集分离肢质菌孢子

c. 贴附法。在无菌条件下用消过毒的镊子在刚刚开膜的菌盖上取一小块成熟的菌褶或带菌褶的菌盖，用经过灭菌融化的琼脂将分离物贴在无菌的试管壁上，或无菌的培养皿菌盖上，放置约12h，孢子就会弹射在试管底部或培养皿底部，采用无菌操作方法取出分离物，盛有孢子的培养皿和试管贴好标签后在4℃下保藏备用。

②菌褶涂抹法。取成熟的伞菌，用解剖刀切去菌柄，在无

菌条件下用 75% 酒精对菌盖菌柄表面进行消毒，用经火焰灭菌并冷却后的接种环插入两片菌褶之间，并轻轻抹过菌褶表面，此时大量成熟的孢子就会粘在接种环上，采用画线法将孢子涂抹于 PDA 试管培养基上或平板上，在适温下培养，数天后即可获得纯菌丝体。

③孢子印分离法。取新鲜成熟的伞菌或木耳类胶质菌子实体，表面消毒后切去菌柄，菌褶朝下放置于灭过菌的有色纸上，白色孢子的用黑色纸，深色孢子的白色纸，然后用通气罩罩上，在 20~24℃ 放置 24h，轻轻拿去钟罩，发现大量的孢子已经落在纸上，并可看见清晰的孢子印。从孢子印上挑取少量孢子移入试管培养基上培养即可获得母种。

④空中孢子捕捉法。平菇、香菇等伞菌类食用菌成熟后，大量的孢子会从子实体层自动弹射出来，形成似烟雾状的"孢子云"，这时可将试管斜面培养基的管口或培养基平板对准孢子云飘动的方向，使孢子附着在培养基表面，塞上棉塞或盖上皿盖，整个操作过程动作要迅速敏捷。

（2）单孢子分离法。单孢子分离法是从收集到的多孢子中通过一定手段分离出单个孢子，单独培养，进行杂交获得菌种的方法。单孢子分离法操作比较简单，成功率较高，是食用菌杂交育种的常规手段之一，也是食用菌遗传学研究不可缺少的手段。分离单孢子常用单孢子分离器，在没有单孢子分离器时也可以采用平板稀释法、连续稀释法和毛细管法获得单个孢子，此处仅介绍平板稀释法。

平板稀释法是实验室较常用的一种单孢子分离法，操作基本方法为：首先用无菌接种针挑取少许孢子放在无菌水中，充分摇匀成孢子悬浮液，用无菌吸管吸取 1~2 滴孢子液于 PDA 培养基平板上，然后用无菌三角形玻璃棒将悬浮液滴推散推平，将其放置适温培养，2~3d 后培养基表面就会出现多个分布均匀的单菌落，一般一个菌落为一个单孢子萌发而成的，在培养皿背面用记号笔做好标记，当菌落形成明显的小白点后，在无菌条件下用接种针将小白点菌落连同小块培养基一起转接至试管斜面培养基上，继续培养，待菌落长大约1cm时，挑取少量菌丝进行镜检，观察有无锁状联合结构，以便初步确定为单核菌丝。

3. 种木分离法

种木分离法是指利用食用菌的菇木或生育基质作为分离材料，获得纯菌丝的一种方法。此种方法一般在得不到子实体或子实体小又薄，孢子不易获得，无法采用组织分离法或孢子分离法获得菌种的情况才采用，种木分离法获得的菌种一般生活力都较强，缺点是污染率较高。在生产上，一些木腐菌类的木耳、银耳、香菇、平菇等菌类都可以用此方法分离。具体操作步骤为：种木的采集必须在食用菌繁殖盛期，在已经长过子实体的种木上，选择菌丝生长旺盛，周围无杂菌的部分，用锯截取一小段，将其表面的杂物洗净，自然风干。分离前先将种木通过酒精灯火焰重复数次，烧去表面的杂菌孢子，再用75%的酒精进行表面消毒，用无菌解剖刀切开种木，挑取一小块菇木组织接入PDA培养基上，注意挑取的组织块必须从种木中菌丝蔓延生长的部位选取，且组织块越小越好，可减少杂菌污染，提高分离成功率。在适温下培养即可获得母种，如图3-5所示。

(二) 菌种转管

将母种移入新斜面培养基上的过程称为转管，其常用工具为接种环。首先拔去菌种试管的棉塞，夹在右手指缝间，将试管口放于酒精灯火焰上转动灼烧2~3圈，然后拿接种针蘸酒精，在火焰上灼烧灭菌，稍冷却，挑取菌种一小块接入培养基

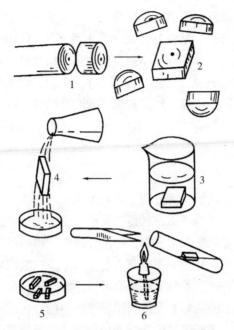

1. 种木；2. 切去外围部分；3. 消毒；4. 冲洗；5. 切成小块；6. 接入斜面

图3-5　种木分离法

斜面中央，最后将棉塞在火焰上通过后塞入管口，即完成母种的接种。原来的种块及斜面尖端取出弃之，一支母种一般转接30~40支。无论引进或自己分离的母种都需要适当传代，使之产生大量再生母种，才能源源不断地供应生产。再生母种的生活力常随传代次数的增加而降低，一般传代3次以后就换分离法。

　　转管时气生菌丝旺盛的菌类，如蘑菇、茯苓，应将气生菌丝扒掉，用基内菌丝移接。不同移接用的接种块大小与转管培养后菌种商品外观的质量有关。蘑菇一级种转管时，接种块越小越薄越好，这样移接培养后气生型菌丝不易倒伏。茯苓、草菇菌种移接块应大些，因其菌丝生长速度较快，在斜面上生长显得较为稀疏。

二、原种的接种

原种的接种是在严格的无菌操作条件下进行的。首先左手拿起试管，右手拔棉塞，一般在酒精灯火焰上消毒接种针，一边把试管口向下稍稍倾斜，用酒精火焰封锁，不让空气中的杂菌侵入。其次是把消毒后的接种针伸入菌种管内，稍稍冷却，再伸入斜面菌种挑取一小块菌种，迅速移解到原种瓶内，再迅速塞好棉塞。此法扩接，每支试管可接二级种瓶6~8瓶。

三、栽培种的接种

把原种接到栽培种的培养基上，进一步培养即成为栽培种。栽培种的培养基可为瓶装，也可袋装。一般在严格的无菌操作条件下，用大镊子、铲子或小勺，每瓶接入一枣大的菌种或一小勺麦粒菌种即可。一般每瓶原种可扩接 50~60 袋栽培种。

第三节　菌种培养

一、菌种培养的条件

食用菌菌种的培养与培养环境中温度、湿度、光照、氧气等条件有密切关系。

（一）温度

温度是影响食用菌菌丝生长速度最重要的一个因子。在菌种生产过程中，大多数食用菌菌丝生长的合适温度为 20~25℃（草菇、木耳等高温菌除外，为 28~30℃），培养的温度过高会造成菌种早衰，太低会导致菌丝生长缓慢，从而延长生产周期。菌种培养过程中瓶内温度随着菌丝生长蔓延，新陈代谢逐渐旺盛，释放出呼吸热，导致瓶温上升，会比室温高出 2～4℃。随着菌龄的增加以及营养消耗，瓶温虽会逐渐下降，但仍比室温高。一般培养初期温度控制在该菌最佳生长的温度，随后每隔 10d 降低 1℃，至长满瓶后，视供货时间的迟早，尽可能将培养室温度调低。

（二）湿度

培养室内相对湿度维持在 60%～70%，湿度太低，培养基失水，影响菌丝蔓延；湿度超过 70% 则易感染杂菌。

（三）空气

菌种室环境空气质量差，易导致杂菌污染，因此应注意环境卫生清洁，定期消毒杀虫；在菌种培养期间，空气中二氧化碳浓度过高，菌丝缺氧，抑制生长，因此应注意通风换气。

（四）光照

无论哪级菌种，在培养阶段均不需要光线，应尽可能地暗。长期见光，容易使营养菌丝体转入生殖生长，形成原基消耗养分。特别是黑木耳、毛木耳的菌株，极易出现耳基，香菇菌丝易出现红褐色"菌被"，平菇、金针菇易出现"侧生菇"。

二、污染的检查

对于塑料袋做成的菌种，培养过程中不能经常检查是否有污染，往往越检查，污染率越高。是因为在检查菌种时，往往会提起袋口观察，每次提起又放下，因塑料袋无固定体积，袋口套环又无固定形状，棉塞未能和套环紧紧接触，这两个动作会使袋口内外产生气压差，强制气体交换，因而杂菌就易乘虚而入，造成后期污染。为避免污染加重，应用工作灯照射培养袋，并及时将所发现的污染袋提出。

第四节　菌种质量鉴定

菌种质量的优劣是食用菌栽培成败的关键，必须通过鉴定后方可投入生产。把好菌种质量关是保障食用菌安全顺利生产的前提。食用菌菌种的鉴定主要包括两方面的内容：一是鉴定未知菌种是什么菌种，从而避免因菌种混乱造成的不必要损失；二是鉴定已知菌种质量的好坏，从而理性指导生产。

菌种质量鉴定必须从形态、生理、栽培和经济效益等方面进行综合评价，评价是依据菌种质量标准进行的。菌种质量标准是指衡量菌种培养特征、生理特性、栽培性状、经济效益所制订的综合检验标准。一般从菌种的纯度、长相、菌龄、出菇快慢等方面进行鉴定。

菌种质量鉴定的基本方法主要有直接观察、显微镜检验、菌丝萌发、生长速率测定、菌种纯度测定、吃料能力鉴定、耐温性测定和出菇试验等，其中出菇试验是最简单直观可靠的鉴定方法。

一、母种质量的鉴定

优良母种应该具备菌丝纯度高、生命力强、菌龄适宜、无病虫害、出菇整齐、高产、稳产、优质、抗逆性强等特征。

（一）鉴定方法

1. 外观直接观察

好的菌种菌丝粗壮，浓白，生长均匀、旺盛；差的菌种菌丝干燥，收缩或萎蔫，菌种颜色不正，打开棉花塞菌丝有异味。

2. 菌丝长势鉴定

将待鉴定菌种接种到其适宜的培养基上，置于最适温度、湿度条件下培养，如果菌丝生长迅速、整齐浓密、健壮，则表明是优良菌种，否则是劣质菌种。

3. 抗性鉴定

待鉴定菌种接种后，在适宜温度下培养一周，一般菌类提高培养温度至 30℃，凤尾菇、灵芝等高温型菌为 35℃，培养 4h，菌丝仍能正常健壮生长则为优良菌种，若菌丝萎蔫则为劣质菌种；或者改变培养基的干湿度，若能在偏干或偏湿培养基上生长健壮的菌种为优良菌种，否则为劣质菌种。在 1 000ml 培养基中加入 16~18g 琼脂，为湿度适宜，加入小于 15g 琼脂制成的培养基为偏湿培养基，加入大于 20g 琼脂为偏干培养基。

4. 分子生物学鉴定

采集待鉴定菌种的菌丝用现代生物技术进行同工酶、DNA 指纹图谱等比较分析，鉴定菌种的纯正性。

5. 出菇试验

将菌种接种培养料进行出菇生产，观察菌丝生长和出菇情况。优良菌种菌丝生长快且长势强，出菇早且整齐，子实体形态正常，产量高，转潮快且出菇潮数多，抗性强，病虫害发生少。

（二）常见食用菌母种质量鉴定

1. 香菇

菌丝洁白，呈棉絮状，菌丝初期色泽淡较细，后逐渐变白粗壮。有气生菌丝，略有爬壁现象。菌丝生长速度中等偏快，在 24℃ 下约 13d 即可长满试管斜面培养基。菌丝老化时不分泌色素。

2. 木耳

菌丝为白色至米黄色，呈细羊毛状，菌丝短，整齐，平贴培养基生长，无爬壁现象。菌丝生长速度中等偏慢，在28℃下培养，约15d长满斜面培养基。菌丝老化时有红褐色珊瑚状原基出现。菌龄较长的母种，在培养基斜面边缘或底部出现胶质状、琥珀状颗粒原基。

3. 平菇

菌丝白色，浓密，粗壮有力，气生菌丝发达，爬壁能力强，生长速度快，25℃约7d就可长满试管培养基斜面。菌丝不分泌色素，低温保存能产生珊瑚状子实体。

4. 双孢蘑菇

菌丝白色，直立、挺拔，纤细、蓬松，分枝少，外缘整齐，有光泽。分气生型菌丝和匍匐型菌丝两种，一般用孢子分离法获得的菌丝多呈气生型，菌丝生长旺盛，基内菌丝较发达，生长速度快；用组织分离法获得的菌丝呈匍匐型，菌丝纤细而稀疏，贴在培养基表面呈索状生长，生长速度偏慢。菌丝老化时不分泌色素。

5. 金针菇

菌丝白色，粗壮，呈细棉绒状，有少量气生菌丝，略有爬壁现象，菌丝后期易产生粉孢子，低温保存时，容易产生子实体。菌丝生长速度中等，25℃时约13d即可长满试管培养基斜面。

6. 草菇

菌丝纤细，灰白色或黄白色，老化时呈浅黄褐色，菌丝粗壮，爬壁能力强，多为气生菌丝，培养后期在培养基边缘出现红褐色厚垣孢子，菌丝生长速度快，33℃下培养4~5d即可长满试管培养基斜面。

二、原种、栽培种质量的鉴定

（一）好的原种和栽培种具备的特征

（1）菌种瓶或菌袋完整无破损，棉塞处无杂菌生长，菌种瓶或菌袋上标签填写内容与实际需要菌种一致。

（2）用转管次数3次以内的母种生产的原种和栽培种。

（3）一般食用菌的原种和栽培种，在20℃左右常温下可保存3个月；草菇、灵芝、凤尾菇等高温型菌则保存1个月，超过上述菌龄的菌种就已老化，老化的表现为培养基干缩与瓶壁或袋壁分离，出现转色现象，出现大量菌瘤，不应用于生产，即使外观上看去健壮也不能再用，否则影响生产。

（4）原种和栽培种的外观要求。

①菌丝健壮、绒状菌丝多，生长整齐。

②菌丝已长满培养基，银耳的菌种还要求在培养基上分化出子实体原基。

③菌丝色泽洁白或符合该菌的颜色。

④菌种瓶内无杂色出现和杂菌污染。

⑤菌种瓶内无黄色汁液渗出。

⑥菌种培养基不能干缩与瓶壁分开。

（二）常见食用菌原种、栽培种质量鉴定（表3-1）

表3-1　常见食用菌原种、栽培种质量鉴定

菌种	优良菌种特征
平菇	菌丝洁白、粗壮、密集、尖端整齐，长势均匀，爬壁力强，菌柱断面菌丝浓白，清香，无异味，发菌快，后期有少量珊瑚状小菇蕾出现，菌龄约25d

（续表）

菌种	优良菌种特征
香菇	菌丝洁白，粗壮，生长旺盛，后期见光易分泌出酱油色液体，在菌瓶或菌袋表面形成一层棕褐色菌皮，有时表面会产生小菇蕾，菌龄约40d
木耳	菌丝洁白，密集，棉绒状，短而整齐，菌丝发育均匀一致，培养后期瓶壁或袋壁周围会出现褐色、浅黑色梅花状胶质原基，菌龄约40d
双孢蘑菇	菌丝灰白带微蓝色，细绒状，密集，气生菌丝少，贴生菌丝在培养基内呈细线状分布，发菌均匀，有特殊香味，菌龄约50d
金针菇	菌丝白色，健壮，尖端整齐，后期有时呈细粉状，伴有褐色分泌物，菌龄约45d
草菇	菌丝密集，呈透明状的白色或黄白色，分布均匀，有金属暗红色的厚垣孢子，菌龄约25d

第五节　菌种的保藏

菌种保藏的目的是为了防止优良菌种的变异、退化、死亡以及杂菌污染，确保菌种的纯正，从而使其能长期应用于生产及研究。菌种保藏的主要原理是通过采用低温、干燥、冷冻及缺氧等手段最大限度地降低菌丝体的生理代谢活动，抑制菌丝的生长和繁殖，尽量使其处于休眠状态，以长期保存其生活力。常用的菌种保藏方法有斜面低温保藏、液体石蜡保藏、自然基质保藏、液氮超低温保藏4种。

一、斜面低温保藏

斜面低温保藏是最简单最普通的菌种保藏法，也是最常用的一种菌种保藏方法，几乎适用于所有食用菌菌种。方法为：首先将要保藏的目标菌种接种到新鲜斜面培养基上，在适温下培养，待菌丝长满整个试管斜面后，将其放入4℃冰箱保藏。草菇菌种保藏温度应调至为10~13℃。斜面低温保藏菌种的培养基一般采用营养丰富的 PDA 培养基，为了减少培养基水分的蒸发，尽可能地延长菌种保藏时间，在配制培养基的时候可以适当调高琼脂的用量，一般增大到 2.5%；同时在培养基中添加 0.2%的磷酸二氢钾以中和菌丝代谢过程中产生的有机酸，也可以延长菌种保藏的时间。常用同一种培养基保存，则菌丝的生长能力有下降的趋势，可更换其他类型的培养基。

斜面低温保藏法适用于菌种的短期保藏，保藏时间一般为3~6 个月，临近期限时要及时转管。最好在 2~3 个月时转管一次，转管时一定要做到无菌操作，防止杂菌污染，一批母种转管的次数不宜太多，防止菌龄老化。保藏的菌种在使用时应提前 1~2d 从冰箱中取出，经适温培养后活力恢复方能转管移植。

二、液状石蜡保藏

液状石蜡保藏又称矿油保藏，是用矿物油覆盖斜面试管保藏菌种的一种方法。液状石蜡能隔断培养基与外界的空气、水分交流，抑制菌丝代谢，延缓细胞衰老，从而延长菌种的寿命，达到保藏目的。方法为：首先将待保藏的菌种接种至PDA 培养基上，适温培养使其长满试管斜面；然后将液状石蜡装入三角瓶中加棉塞封口，121℃、1h 高压蒸汽灭菌，待灭菌彻底后将其放入 40℃烘箱中烘烤 8~10h，使其水分蒸发至石蜡液透明为止。冷却后在无菌操作条件下用无菌吸管将液状石蜡注入待保藏的菌种试管内，注入量以淹过琼脂上部 1cm为宜，试管塞上无菌棉塞，在室温下垂直放置保藏，液状石蜡油保存不宜放入 3~6℃的低温中，否则多数菌丝易死亡，应以10℃以上的室温保存为宜。

液状石蜡保藏法适用于菌种的长期保藏，一般可保藏 3 年以上，但最好 1~2 年转接一次，使用矿油保藏菌种时，不必倒去矿油，只需用接种工具从斜面上取一小块菌丝块，原管仍可以重新封蜡继续保存。刚从液状石蜡菌种中移出的菌丝体常沾有石蜡油，生长较弱，要再移植一次，方能恢复正常生长。液状石蜡保藏法的缺点是菌种试管必须垂直放置，占地多，运输交换不便，长期保藏棉塞易沾灰污染，可换用无菌橡皮胶塞，或将棉塞齐管口剪平，再用石蜡封口。

三、自然基质保藏

（一）麸皮保藏法

水与新鲜麸皮按 1∶0.8 的比例混合拌匀，装入试管，占管深的 2/5，洗净管壁，加棉塞，121℃灭菌 40min，接入菌种，24~28℃培养 6~8d，菌丝在培养基表面延伸即可。用真空泵抽干试管内水分，棉塞上滴加无菌凡士林，置干燥器内常温下保存，2~3 年转接 1 次。

（二）木屑保藏法

此法适用于木腐菌。利用木屑培养基作保藏木腐菌用的培养基比使用 PDA 培养基稍好，因为木屑培养基上菌丝生长容易而且菌丝量大，有利于菌种保藏。具体方法是按配方（阔叶树木屑 78%，麸皮 20%，蔗糖 1%，石膏 1%，料水比 1∶0.8）配制培养基，装入试管中，占管深 3/4，121℃灭菌 1h，接入菌丝，24~28℃培养，待菌丝长满木屑培养基时取出，在无菌操作下换上无菌的橡皮塞，最后放入冰箱冷藏室中 3~4℃下保藏，1~2 年转管一次即可。

（三）麦粒保藏法

取健壮麦粒，淘洗后浸水 15h（水温 20℃），捞出稍加晾干，装入试管，装量以 1/4~1/3 为宜，然后灭菌，灭菌后趁热摇散，放置冷却，向每支试管内接菌丝悬浮液 1 滴，摇匀，在 24~26℃下培养，当大多数麦粒出现稀疏的菌丝体时，终止培养，保藏在冷凉、干燥处（麦粒含水量不超过 25%）。

（四）粪草保藏法

此法适用于草菇、双孢菇等草腐性菌类的菌种保藏，具体方法是取发酵培养料，晒干除去粪块，剪成 2cm 左右，在清水中浸泡 4~5h，使料草浸透水，然后取出，挤去多余的水分，使料的含水量在 68% 左右。装进试管，要松紧适宜。装好后清洗瓶壁，塞上棉塞，进行高压灭菌 2h。冷却后，接入要保藏的菌种，在 25℃下培养。菌丝长满培养基后，在无菌操作下换上无菌胶塞并蜡封，放在冰箱 2℃下保藏，两年转管一次。

四、液氮超低温保藏

采用超低温液氮保藏菌种的一种方法。首先将目标保藏菌种移接到无菌平板，然后取 10%（体积比）的甘油蒸馏水溶液 0.8ml 装入安瓿管，用作保护剂，将安瓿管高压灭菌，冷却备用，将长满无菌平板的目标菌种菌丝体用直径 0.5mm 的打孔器，在无菌环境打下 2~3 块，放入安瓿管内，用火焰密封安瓿管管口，检验密封性，密封完好后进行降温，以 1℃/min 的速度缓慢降温，直至 -35℃左右，使管内的保护剂和菌丝块冻结，然后置于 -196℃液氮中保藏。

液氮超低温保藏适用于所有菌种的保藏，方法操作简便，保藏期长，被保藏的菌种基本上不发生变异，是目前保藏菌种的最好方法。但其保藏设备比较昂贵，仅供一些科研单位和菌种长期保藏单位使用。

除以上几种保藏方法外，还有真空冷冻干燥保藏、菌丝球生理盐水保藏、滤纸片保藏、沙土保藏法等。

第六节　菌种的复壮

食用菌菌种在传代、保藏和长期生产栽培过程中，不可避免地会出现菌种退化现象，主要表现在某些原来的优良性状渐渐变弱或消失，造成遗传的变异，出现长势差、抗性差、出菇不整齐、产量低、品质差等，给生产带来了巨大损失。造成菌种退化的主要原因是基因突变。为了避免食用菌菌种的退化，必须采取复壮措施。常用的菌种复壮措施有如下几种。

一、系统选育

在生产中选择具有本品种典型性状的幼嫩子实体进行组织分离，重新获得新的纯菌丝，尽可能地保留原始种，并妥善保藏。

二、更替繁殖方式

菌种反复进行无性繁殖会造成种性退化，定期通过有性孢子分离和筛选，从中优选出具有该品种典型特征的新菌株，代替原始菌株可不断地使该品种得到恢复。

三、菌丝尖端分离

挑取健壮菌丝体的顶端部分，进行转管纯化培养，以保持菌种的纯度，使菌种恢复原来的优良种性和生活力，达到复壮的目的。

四、更换培养基配方

在菌种的分离保藏和继代培养过程中，不断地更换培养基的配方，最好模拟野生环境下的营养状况，比如，用木屑或木丁保存香菇、木耳等木腐型菌种，可以增强菌种的生活力，促进良种复壮。

五、选优去劣

在菌种的分离培养和保藏过程中，密切观察菌丝的生长状况，从中选优去劣，及时淘汰生长异常的菌种。

第四章　食用菌规模化生产

食用菌规模化生产，就是采用工业化技术手段，在可控环境条件下，实现食用菌的规模化、集约化、标准化、周年化生产。

我国食用菌产业发展迅速，规模化生产是食用菌产业发展的必经之路。

食用菌规模化生产需要一定的设施设备条件，依据食用菌规模化生产的工艺流程，各种设施设备都有一定的功能及注意事项。在掌握其使用方法和注意事项的基础上，实现高产高效益。

第一节　食用菌规模化生产概述

一、食用菌规模化生产概述

所谓食用菌规模化生产，就是采用工业化技术手段，在可控环境条件下，实现食用菌的规模化、集约化、标准化、周年化生产。

我国食用菌规模化生产，是食用菌发展的必经之路。从国外发达的国家来看，他们的食用菌发展历程也经历了由小规模到大规模，由手工操作到机械化生产，由季节种植到周年生产，以及温度、湿度、光线、通风等环境条件的控制从简单到目前完全电脑控制。目前，国外食用菌规模化生产设施条件和技术水平已超过我国，原因是他们规模化生产起步较早，而我国规模化生产则刚刚开始。

二、我国食用菌规模化生产现状

目前，我国的食用菌产业是从一家一户的生产到工厂化集约化规模化生产的一个转型升级阶段，在相当长的一段时期内，我国食用菌生产模式是一家一户的农民生产和规模化生产同时存在。今后的发展方向是规模化生产逐渐取代一家一户生产，因为一家一户的生产不能解决周年供货问题，不能解决质量标准的统一问题，不能解决与国际食用菌产业接轨的问题。我国加入世界贸易组织（WTO）后，国内外市场竞争加剧，发达国家设置新的贸易壁垒（如农残控制），我国食用菌产业的小农粗放式生产模式受到严重挑战。在我国，食用菌产业主要是农民家庭式的小生产，科技含量低、规模小、利润少。农民种菇一般不将用工计入成本，他们种菇所谓"赚钱"，不过是自己给自己打工，收回自己应得的工钱而已。与荷兰、美国、日本、韩国等发达国家相比较，我国菇类生产的工业化水平、单位面积产量、商品质量及经济效益显然要低很多倍。目前我国工人的工资有逐渐提高的趋势，食用菌产品当中人工工资比例在逐渐增大，从长远发展来看，要想做到低成本生产，食用菌规模化生产也是大势所趋。

经过近20年的发展，我国已经有金针菇、双孢菇、白灵菇、蟹味菇、茶新菇、鸡腿菇、蛹虫草、白玉菇、滑菇、杏鲍菇等十多个品种实现了工厂化种植，有些还处于初级阶段，种植工艺与种植技术已基本成熟，主要的技术难点在于产量、出菇的整齐度以及病虫害防治与产品质量。

食用菌实现规模化生产，进入了机械化、智能化的转型升级阶段，同时也存在着高投入、高风险。要想获得高产出高效益，一方面需要大批懂工艺技术、会管理营销的技术人员，另一方面也要依靠适用于规模化生产的机械化、智能化设备。目前，大多数是从国外引进成套的生产线设备，我国专家学者能够自主创新、研制制造我们的智能化设备用于生产也是责无旁贷。

第二节　规模化生产设施和设备

食用菌的主要生产过程必须在特定的温、湿、光、气体条件下进行。因此，食用菌生产不仅取决于菌种、原料配方、栽培方法和管理水平，而且与栽培场所及设施有着密切关系。特别是在北方地区，气候干燥，风沙较大，冬季寒冷，在南方地区，气候潮湿，高温季节长，栽培场所受自然气候影响较大，正确选择和建造栽培场所就显得尤其重要。目前我国食用菌生产大多数是个体生产，只有少数建造具有自控装置的现代化菇房。因此，只能结合各生产户的经济状况和北方的环境特点，因地制宜建造栽培场所。

一、菇房

菇房是室内食用菌制种、栽培管理的场所之一，利用菇房能够为食用菌的生长创造适宜外界环境的条件。生产上可以建造专门的菇房，也可以因陋就简、因地制宜地利用旧空房。

（一）场所选择

场所选择是菇房建设的第一步，必须周密考虑。选择菇房场所时，第一，地形要求方正、开旷，地势要求干燥，向阳背风，近水源，排水良好；第二，周围环境要求无有害气体、废水和垃圾污染源，如化工厂、农药厂、硫酸厂等，并要远离厕所、禽舍、仓库等场所，周围环境有绿化带，起到净化空气和调节小气候的作用；第三，应选择交通方便的地方，以利于原料和产品的运输；第四，场内应有一定空地，以供堆料和晒料之用。

（二）菇房建造

建造的菇房应具有良好的通风条件，不能有死角，但又要防止通风时冷风或热风直接吹到菇床上。菇房内要求有均衡供暖的加温设备；菇房内的墙壁、地面、床架要求坚固平整，便于清洁消毒，有利于防治杂菌、害虫和鼠害；菇房内部可有强烈直射阳光；菇房内或附近要有充足的水源。从上述条件出发，对菇房建造的结构设备有如下要求。

1. 菇房的方位

菇房建筑方位力求坐北朝南，防止冬季西北风侵入。入口设一缓冲区，多采用外廊连通。

2. 菇房的结构

菇房一般采用砖木结构，墙壁、屋顶应厚一些，以减少自然温度对菇房内温度的影响。菇房应有良好的密闭性能，墙壁要用石灰、水泥粉刷，地面要求平整坚实，便于冲洗和消毒，最好做成水泥地。

3. 菇房的规模

菇房的规模不宜过大或过小，过大时管理不便，通风换气不匀，温度和湿度不易控制，杂菌和虫害易发生和蔓延；过小则使用率不高，成本高。一般菇房如为旧房利用或新建菇房，应以生产规模而定。

4. 菇房的通风设施

菇房的通风设施有门、窗（拔风管、抽风机）等，以 4 行菇床的菇室为例，可在第 2、第 4 行通道两端各开一扇门，门宽小于或等于通道宽度，但不得宽于通道宽度。若有条件，也可在通道两端各开一扇门，4 行菇床的菇室共开 4 扇门，南北门对开，进出料和通风都很方便，菇房墙上的上窗（出气窗）和地窗（进气窗），分别设在各条通道两端的墙上，上墙的上沿低于屋檐 30cm，或与屋檐相平行，正方，宽 40cm，高 40cm，地窗下沿离地面 10cm，也可与地面相平行，上沿不得超过菇床第 1 层床面，宽度不得超过通道，宽 40cm，高 30cm。上下窗均应便于开关，并装有纱窗或挡帘。有的菇房较高，也可开设上中下 3 窗。拔风管为圆形或方形，设在屋脊南侧走道上，也可南北两侧均设置。管高 1.5m，底部直径 40~50cm，上部直径约 25cm，顶端装有比管口大 1~2 倍的风帽。有抽风机设备的菇房可以不要拔风管，窗户也适当减少。

5. 菇房的床架

为了充分利用菇房的空间，菇房应配置相应的床架，又叫菇床或菌床。床架一般床面宽 1~1.5m，5~6 层，层间相隔 60cm，最低一层离地面 30~35cm，最上一层离顶棚约 1.5cm。床架以钢材制作，床面用编织袋制作，并用若干根横梁加固，用这些材料制作菇床坚固、平整，便于操作管理，不生霉，但一次性投资大。菇房内的床架要与菇房方位呈垂直排列，东西走向的菇房则呈南北向排列，一般每间菇室放菇 4 架，床架间通道距离 60~80cm，四周距墙壁 50~60cm，以便操作。

二、菇棚

菇棚是室外栽培食用菌常用的设施。以其骨架质地不同，有钢筋骨架、水泥钢筋骨架、竹竿木杆骨架之分。以其大小高低不同，有塑料大棚和小拱棚之分。随着科学技术的发展，大棚的设施条件也有所进步和改良，有普通型和三控型温室大棚。下面介绍几种常见的菇棚。

（一）普通型菇棚

1. 规格要求

菇棚长 10~30m，宽 3~3.5m，高 2~3m（含地上墙 0.6~1.4m）菇棚内设置出菇架（也可不设置出菇架，地畦式出菇）。菇棚数目可依投料需要建成单列式、双列式和多列式。塑料棚上面搭盖遮阳网或草帘子。

2. 温度

白天揭开棚顶草帘，让阳光照晒增温，夜间覆盖草帘保温。夏季气温高时，增加草帘厚度防止热辐射，可以降低菇棚温度，从栽培的食用菌品种看，春秋两季能满足低、中温型平菇、滑菇、真姬菇和银耳的出菇温度要求；在夏季能满足中、高温性平菇等的出菇温度要求。

3. 湿度

只要每天或隔天喷水一次，湿度即可达到90%左右，能满足食用菌子实体生长发育的要求。

4. 光照和氧

普通型菇棚光照，在冬季白天揭开棚顶草帘，让阳光照晒增温，夏季气温高时，增加草帘厚度或遮阳网形成凉棚，防止热辐射。在3—4月或10—11月，一般不需进行遮阳管理即可满足子实体生长发育要求。为保持菇棚内温度，可适当关闭或夜间全关闭风管和门窗，但白天气温高时，应适时开启通风，否则会影响子实体的正常生长。

（二）半地下菇棚

半地下菇棚是北方高原区栽培食用菌常用的设施，它既保证了食用菌在风大、气候干燥、寒冷的北方地区栽培良好，又使食用菌栽培管理比南方更方便，并达到优质高产的要求。所谓半地下式菇棚，就是在地下挖一个长方形的深沟，沟边地面上打上墙，顶盖塑膜和草帘等而建成的栽培场所。

1. 半地下菇棚的优点

（1）造价低廉。以建一座 30m×3.5m 普通模式半地下菇棚为例，除投工外，仅需 200~300 元的材料费，而建筑一间同样投料面积的菇房，需投资万元。

（2）冬暖夏凉。半地下菇棚用土壤作墙壁，覆塑膜作房顶，保温性能好，冬季夜间加盖草帘保温，白天揭开草帘利用阳光增温，夏季白天盖草帘防辐射。建造和管理得当的半地下菇房，能延长栽培期或基本实现周年栽培。

（3）通风性能好。设有通风管和排风管（或天窗），启动方便，可根据需要进行通风换气。

（4）保温性能好。棚壁和地面皆为湿土，保湿性能好，产菇期隔数天喷水即可满足出菇时子实体对湿度的要求。

（5）光照好。墙上开有排风窗和塑膜顶，根据光照需要揭开和覆盖棚顶草帘即可调节光照强度。

（6）便于消毒。一个栽培周期结束后，可于晴天将棚顶塑膜揭下用药液浸泡、冲洗，晒几天棚沟，铲除一薄层棚壁土，再用石灰乳喷刷消毒。

2. 半地下菇棚的建造

场地选择在地势高、开阔的平地或北高南低、地下水位低的阔叶树下，土质以壤土或黏土为好，有水源。为了便于管理，一般都建在庭院和村旁的树阴下。

建造时，挖半地下菇棚通管、菇室、进出道口，风管底部深度与菇室相等，并在底部挖涵洞相通，涵洞内设置启闭严密的阀门。将棚沟壁削整齐，铲除地面余土，并使地面有倾向进风管的坡度，以利通风。把挖掘出的土壤用干打垒夯成棚沟地上墙部分。墙高按菇棚模式类型而异。在一般情况下，温暖地区墙要高，棚沟要浅；寒冷地区墙要低，棚沟要深。墙上留不留窗或排风口，也是根据菇棚模式类型要求而定。若墙上留窗或排风口，每隔 3m 开一个，大小为 40cm×40cm。

在挖成棚沟和做好棚沟地上墙后，即可在棚沟墙上架设水泥或竹、木横梁，覆盖塑料，塑料外用竹片或塑料绳压紧固定，棚顶每隔 3~4m 开一个 40cm×40cm 活络天窗，如果菇棚两侧墙上以开排风窗口，则不必开天窗。再在棚顶塑膜上覆盖草帘或麦秆。最后安装门窗，并根据需要在菇室内设置床架，地面四周排水沟即可启用。

3. 小拱棚

小拱棚也是室外栽培食用菌常用的设施，它既保证了食用菌的保温保湿条件，又使食用菌栽培管理比较方便，随时掀起和覆盖达到优质高产的目的。

小拱棚的建造要求较简单。一般高度在 2m 以下，用水泥钢筋骨架、竹竿木杆骨架搭建，其上覆盖薄膜、遮阳网或草帘子，但周围要挖排水沟不能积水。有的直接建造在树林里进行林下栽培，成本低，易管理。

（三）三控型菇棚

这类菇棚有配套设施可以调控温度、湿度和光照度，故称为三控型菇棚。

1. 温度

这种菇棚保温性能好，有些在冬天配置有锅炉暖气、夏天配置有制冷设备。

2. 湿度

一般配置有加湿器或喷淋设施，根据湿度计显示随时调节湿度。

3. 光照和通风

大棚上面有隔层遮阳网，可以机械化的拉开和覆盖，其内安装有排气扇或抽风机，结合控温控湿进行通风。

三、智能化调控设施

通过智能化调控设施实现精准化、集约化、标准化生产，使出菇产量和质量大大提高。例如，出菇的整齐度、生长速度、风味物质或药用成分的积累达到质量标准和要求，还可以有效控制病虫害发生和农药残留，更有利于生产无公害绿色食用菌产品。

（一）精准配料系统

根据营养成分及拌料水分分析调控，优化配方，精准加料配料。

（二）智能化灭菌调控系统

通过灭菌锅（炉）及电脑操作控制系统，控制灭菌的压力、时间和温度，准确判断灭菌效果。

（三）冷却系统

带有间接冷却系统、制冷系统变流量控制技术，使放冷车间在高温到低温的整个冷却过程中保持最大的制冷效率，节约大量能源的同时也能避免因冷缩所产生的二次污染和菌瓶空气倒灌，降低工厂的污染率，设备也不会超过额定工作范围，保证安全可靠的运行。

（四）接种室

特殊的接种室气流设计使接种环境清洁、无菌，低温环境保证杂菌的低萌发率，减少菌瓶污染率。

（五）发菌室

新型发菌室提供温度、湿度和 CO_2 浓度的可调节，使使用者可以根据发菌菌丝的阶段和品种调节适合的各种参数，达到调节生长的目的，同时特殊的新风和气流组织设计保证室内各参数均匀性，使不同区域菌瓶内菌丝能够均衡生长，满足工业化生产要求，各通道和房间的不同空气压力分布保证送入发菌室的新风一定是处理过的新鲜空气，杜绝室外空气倒流。

（六）生育室

生育室是培养食用菌品质和产量的关键地点，保证室内环境参数的稳定性是质优高产的根本条件，特殊的新风系统和温度、湿度及 CO_2 控制系统保证在整个生长过程能够满足不同的要求，缩短生长时间。

（七）菇房全自动控制器技术参数

（1）温度。一般 $(3\sim22)℃\pm2℃$ （压缩冷凝机组 2 台、冷风机 2 台）。

（2）湿度。一般使用相对湿度（50%~98%的超声波加湿器）。

（3）二氧化碳。0.03%。（方式 1：传感器控制通风机；方式 2：手动设定通风间隔和时间）。

（4）现场控制与远程控制相结合，可以通过网络实现中心集中控制。

（5）输入通道。温度传感器、湿度传感器、二氧化碳传感器、制冷机组高低压保护、冷风机及加湿器过流保护、压缩机过载保护、电网相序保护。

（6）输出通道。压缩机启停、冷风机启停（可手动设定常开或联动）、化霜电热启停（可手动设定间隔和时间）、加湿器启停、通风机启停、报警通道、定时照明等。

四、机械化生产线设备

随着经济的发展、科技的进步，高利润率的生产必然向规模效益生产发展。食用菌产业发展的最终目标是让普通消费者都吃得起，提高人类健康水平，而不是成为少数人的奢侈品。因此，食用菌生产者应向规模生产要效益、向技术要效益、向质量要效益。

（一）按生产流程形成机械化生产线

1. 菌种生产的主要工艺流程

备料→培养料配制→装袋或装瓶→灭菌→冷却接种→发菌管理→菌种。

2. 食用药用菌栽培生产的主要工艺流程

备料→培养料配制→装袋或装瓶→灭菌→冷却接种→发菌管理→出菇管理→采收。

3. 按照生产的工艺流程形成机械化或智能化的生产线

目前规模化、工厂化食用菌生产中菌种制作存在温、湿、气3个要素的控制；栽培种植存在温、湿、气、光4个要素难调节的问题，还存在人工劳动量大、效率低、生产慢的问题。采用机械化或智能化的生产线可以自动调控温、湿、气、光、pH值等，有效提高食用菌制种栽培的科技含量，实现高产优质、高效益的目的。

食用菌生产设施的转型升级，为实现食用菌规模化、工厂化、标准化周年栽培奠定了以下良好的基础。

（1）自动拌料机。

（2）自动装瓶机和装袋机。

（3）大型节能燃油灭菌锅或蒸汽炉。

（4）自动化（红外线感应）接种设备。

（5）自动搔菌机，自动化（超声波）加湿器。

（6）自动化控温系统。

（7）自动化净化通风、二氧化碳感应调控系统。

（8）自动挖瓶机和洗瓶机等食用菌生产设备。

再加上机械化传送带、周转车和周转箱，把这些设备按照生产工艺流程链接起来，并且正常顺利运行生产，这就是一环套一环的生产流水线，如下所示。

备料→培养料配制机械化→装袋或装瓶机械化→灭菌机械化→冷却接种机械化→发菌管理机械化→出菇管理机械化→采收。

这种机械化智能控制系统现在已经应用于实践中，能根据食用菌菌丝各生长阶段的需要，自动调节温度、湿度、光照和通风换气，使食用菌生产突破季节的约束，产品反季节供应市场，实现了食用菌栽培技术的历史性新突破，大大降低了劳动强度，提高了生产效率。

（二）规模化菌种生产的液体发酵罐

规模化生产食用菌菌种，处理按上述流程生产大量的袋装或瓶装的固体菌种外，近几年液体菌种也推广发展很快。例如，东北大田地栽黑木耳主要是大规模生产利用液体菌种；规模化生产金针菇、白灵菇、杏鲍菇、茶新菇、蛹虫草等，也是大规模生产利用液体菌种。因为液体菌种有以下优势。

（1）原料来源丰富且成本低廉。

（2）培养周期短，5~10d 可以培养一批菌种。

（3）菌丝体生长旺盛，活力强，发菌快。

液体菌种的生产方式主要有振荡培养和发酵罐培养两类。振荡培养是利用机械振荡，使培养液振动而达到通气的效果。振荡培养方式有旋转式（如浅层培养）和往复式（如摇床振荡培养）两种，振荡机械称摇床或摇瓶机。

1. 摇床生产液体菌种

利用电磁搅拌摇瓶种，使用时将三角瓶放在相应磁盘上，按下对应按钮，设定转速即可；往复式摇床的往复频率一般在80~140r/min，冲程一般为5~14cm，在频率过快、冲程过大或瓶内液体过多的情况下，振荡时液体容易溅到瓶口纱布上而引起污染；旋转式摇床的偏心距一般在3~6cm，旋转次数为60~300r/min，它的结构比较复杂，加工安装要求比往复式摇床高，造价也比较贵，但氧的传递性好，功率消耗低，培养基一般不会溅到瓶口的纱布上。因此，要根据实际情况选用合适的摇床及振荡速度。

2. 浅层静置培养得到液体菌种

浅层静置培养亦是液体菌种振荡生产的一种方式。它是在容器里（一般为锥形瓶）投入少量培养液，经过灭菌接种，安放在培养架上，每天人工振荡1~2次，在适宜的温度下培养，数天后即可获得液体菌种。这种方法前面已经介绍只限于实验室需要的少量菌液，其他实验如制备原生质体、进行生化测定等有时也采用。

3. 发酵罐生产液体菌种

如果需要大量液体菌种，必须使用发酵罐生产。发酵罐的设计与选用必须能够提供适宜于食用菌生长和形成产物的多种条件，促进食用菌的新陈代谢，使之能在低消耗的条件下获得较高的产量，如维持合适的温度、能用冷却水带走发酵热、能使通入的无菌空气均匀分布，并能及时排放代谢产物和对发酵过程进行检测和调整；另外，要能控制外来污染，结构也要尽量简单，便于清洗和灭菌。发酵生产液体菌种一般需要有种子罐与其配套，选用发酵罐的大小则要根据生产规模来定。

发酵的相关设备很多，整个发酵系统可由种子罐、发酵罐、补料罐、酸碱度调节罐、消沫罐、空气净化设备、蒸汽灭菌系统、温度控制系统、pH值控制系统、溶解氧测定系统、微机控制系统等部分组成，介绍如下。

（1）蒸汽灭菌系统。食用菌液体发酵中必须配有蒸汽发生设备作为灭菌和消毒之用。发酵生产中多采用"空消"和"实消"的灭菌形式。空消即在投放培养料前，对通气管路、培养料管路、种子罐、发酵罐、酸碱调节罐以及消沫罐等用蒸汽进行灭菌，消除所有死角的杂菌，保证系统处于无菌状态。实消即将培养液置于发酵罐内，再用高压蒸汽灭菌对培养基进行灭菌的过程。此外，在发酵罐发酵过程中，还可以利用蒸汽对取样口进行消毒之用。

（2）空气净化设备。深层发酵生产是往发酵罐内不断输入无菌空气，以保证耗氧的需要及维持罐内有一定的压力，防止外界杂菌侵入。无菌空气由空气净化设备生产。空气净化设备一般由空气压缩机、油水分离器、空气贮罐、空气过滤器等组成。一般压缩空气通过一个油水分离器，除去空气中的大部分油和水后通入空气贮罐，再经过空气过滤系统进行过滤除菌，从而达到无菌空气要求。一般细菌直径在 $0.5\sim5\mu m$，酵母菌在 $1\sim10\mu m$，病毒在 $20\sim40nm$，所以采用深层发酵方法生产液体菌种时，空气净化设备要达到设计的要求。

（3）发酵培养设备。发酵培养设备包括种子罐、发酵罐、补料罐、酸碱度调节罐以及消沫罐等设备。此外，在种子罐和发酵罐罐体上往往配有温度控制系统、pH值控制系统以及溶解测量系统等，这些设施可以与电脑通过微机控制系统相连接，能够对发酵参数进行监控。食用菌的发酵生产多采用二级发酵和三级发酵。一级种子罐容量一般为 50~100L，二级菌种罐容量为 500~1 000L，有的大型发酵罐还配有三级菌种罐，容量为 2 000~10 000L，大的可达 20 000L。一般以两个种子罐以上配一个发酵罐，这样一旦一个种子罐染菌了，还有另一个种子罐可供备用。种子罐容积越小，摇瓶菌种的接种量越小，污染杂菌的概率也越小。液体菌种发酵罐通常使用机械搅拌通风发酵罐。

第五章　食用菌的高产栽培技术

第一节　平菇栽培技术

一、概述

平菇属担子菌纲，伞菌目，侧耳科，侧耳属。平菇菌柄多侧生，形似人的耳朵，所以又名侧耳（图5-1）。平菇属腐生型真菌，适应性强，抗逆性强，分布范围广，产量高，经济效益显著，而且易于栽培。因此，大多数食用菌栽培者都是从平菇栽培开始的。

图5-1　平菇

平菇营养丰富，肉质肥嫩，味道鲜美，是人们十分喜爱的食用菌之一。据测定，平菇干物质中蛋白质含量为21.7%，含有18种氨基酸，其中8种人体必需的氨基酸含量也十分丰富。据报道，经常食用平菇能调节人体新陈代谢，降低血压，减少胆固醇，对肝炎、胃溃疡、十二指肠溃疡、软骨病都有疗效。另据日本学者研究发现，平菇具有抑制癌细胞增生的作用，能诱导干扰素的形成。

平菇的栽培品种很多，仅我国就有500多个品种，栽培的主要品种有CCEF89、CCEF99、细胞AX3、双耐、曲师911、德国2号、新世纪4号等。

二、栽培技术

（一）平菇生料栽培技术

1. 平菇栽培方法概述

（1）依据对培养料的处理方式可分为：生料栽培、发酵料栽培、熟料栽培。

（2）依据栽培容器的不同可分为：塑料袋栽培、瓶栽、箱栽等。

（3）依据栽培场所的不同可分为：阳畦栽培、塑料大棚墙式栽培、床架栽培、林间畦栽、窑洞栽培等。

2. 平菇生料栽培

（1）生料栽培的概念。生料栽培是指对培养料经药物消毒灭菌，或未经消毒而通过激活菌种活力并加大菌种用量来控制杂菌污染，完成食用菌栽培的方法。

（2）培养料配制。要求主料占85%~90%，辅料占10%~15%，料水比为1∶1.5。

例如，玉米芯87%，麦麸10%，石膏粉1%，石灰粉2%。

（3）培养料药剂消毒灭菌。生产中常用的消毒药物及药量为：多菌灵 0.1%，食菌康 0.1%，威霉 0.1%。

（4）播种。将菌种投放于培养料的过程称为播种，它与接种有不同之处。播种时要洗手、消毒，各种播种用具也要消毒。生产中常用的播种方法有以下几种。

①混播。将菌种掰成蚕豆大小的粒状，与培养料混合均匀后铺床或装袋，并在床面或料袋的两端多播一些菌种。床栽时，播种后可用塑料薄膜覆盖床面，但要注意通气。袋栽时，袋口最好用颈口圈并加盖牛皮纸或报纸。

②层播。将菌种掰成蚕豆大小的粒状，播种时一层培养料一层菌种，并在床面或料袋的两端多播一些菌种。

③穴播。当菌种量较少时，为使播种均匀，可在床面上均匀打穴，播入菌种。

（5）发菌。即菌丝体培养的过程，和菌种培养的不同之处在于生料栽培的发菌只能采用低温发菌，发菌温度不得高于18℃。

（6）出菇管理。在适宜的条件下，通常约30d左右，菌丝即可吃透培养料，几天后菌床或菌袋表面出现黄色水珠，紧接着分化出原基，这时就应进行出菇管理。

①温度的调控。一般在菌丝吃透培养料后，应给予低于20℃以下的低温和较大的温差，这有利于子实体的分化。

②湿度的管理。出菇阶段要保持空气湿度为85%~90%，对地面可洒水，对空间可喷雾。

③通风换气。平菇在子实体生长发育阶段，若通风不良，则会产生菌盖小、菌柄长的畸形菇，甚至出现菌盖上再生小菌盖的畸形菇。但通风时应有缓冲的过程，不能过于强烈。

④光照的控制。在子实体生长发育阶段应给予一定的散射光，光线太暗也会出现畸形菇。

（7）采收。平菇的采收期要根据菇体发育的成熟度和消费者的喜好来确定，一般应在菌盖尚未完全展开时采收，最迟不得使其弹射孢子。

（二）平菇熟料栽培技术

1. 熟料栽培的概念

熟料栽培是指对培养料经过高温高压或常温常压消毒灭菌后，通过无菌操作进行接种来完成食用菌栽培的方法。

2. 塑料袋熟料栽培工艺流程（图5-2）

平菇熟料大规模生产时，大都采用塑料袋栽培，塑料袋栽培便于规模化生产。

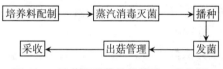

图5-2　平菇塑料袋熟料栽培工艺流程

（1）培养料配制。和生料栽培相比，熟料栽培的辅料比例有所提高，一般主料占80%，辅料占20%，料水比约为1∶1.5。拌料一定要均匀，否则，等于改变了培养料的配方。生产中常用的培养料配方有以下几种。

①阔叶树木屑50%，麦草30%，玉米粉10%，麸皮8%，石膏粉2%。

②玉米芯77%，麸皮20%，过磷酸钙1%，石膏粉2%。

③棉籽壳90%，麸皮8%，白糖1%，石膏粉1%。

（2）装袋。塑料袋可选用17cm×38cm或24cm×45cm的聚乙烯塑料袋，可用手工装袋，有条件的可用装袋机装袋。装袋时要松紧适宜，严防将塑料袋划破，袋口用细绳扎住。

（3）灭菌。常温常压灭菌时，要求料温达 100℃ 时开始计时，在此温度下维持 10~12h，灭菌一定要彻底，否则会造成无法弥补的损失。

（4）接种。灭菌后将料袋搬入接种室，并对接种室熏蒸消毒约 24h，等料温降到 20℃ 左右时即可接种。接种时一定要严格遵守无菌操作规程，打开袋口，将菌种接种于料袋的两端，并立即封口，速度越快越好。用颈口圈封口，有利于发菌。

（5）发菌。将接种好的料袋搬入发菌室，给予菌丝体生长的最适宜的环境条件，约 30d 左右，菌丝吃透料袋。

（6）出菇管理。可打开袋口，码成 5~6 层的菌墙出菇，也可脱袋覆土出菇。覆土出菇时覆土的厚度约 2~3cm，并浇透水。也可脱袋后用泥将菌柱砌成菌墙出菇，可以提高产量。其他管理同生料栽培。

（7）采收方法同生料栽培。

第二节　鸡腿菇栽培技术

一、概述

鸡腿菇隶属于真菌界、真菌门、担子菌亚门、层菌纲、伞菌目、鬼伞科、鬼伞属。鸡腿菇因在较低温条件下形成的子实体个头粗大，肉质紧实，菌柄上细下粗，形似"鸡腿"而得名，又称毛头鬼伞、鸡腿蘑、刺蘑菇等。

鸡腿菇子实体肥厚，肉质细嫩，味道鲜美，营养价值高（图5-3）。据分析，每百克干菇中含粗蛋白 25.4g、脂肪 3.3g、总糖 58.7g、纤维 7.3g、灰分 12.5g，含有 20 种氨基酸，其中人体必需的 8 种氨基酸特别是谷氨酸、天门冬氨酸和酪氨酸含量丰富。鸡腿菇性平，味甘滑，有益脾胃、清心安神、治痔、降血压、抗肿瘤等功效，据英国阿斯顿大学报道，鸡腿菇含有治疗糖尿病的有效成分，食用后降低血糖效果明显，对糖尿病患者具有明显的疗效。

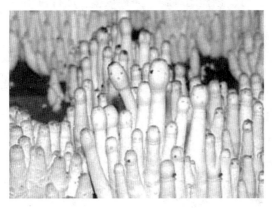

图 5-3　鸡腿菇

鸡腿菇栽培原料丰富，有各种农作物秸秆、棉籽壳、玉米芯、杂草、畜禽粪、废菌料等；鸡腿菇菌丝生长快，抗杂菌能力强，易栽培成功；鸡腿菇出菇期长，产量高，价格稳定，栽培效益高，是近年来发展较快的食用菌之一，具有较高的推广价值。

主要品种如下。

（一）CC-168

单生，个大，一般单个重为 20~50g，最大单个重可达 400g 以上，个体圆整，菇形漂亮，菇体乳白色，菌柄白色，鳞片少且平，不易开伞，栽培加工性能都较好，生物效率一般为 80%~110%，单位面积产量为 12~14kg/m^2。

（二） 特白 36

出菇温度为 7~28℃，菇体洁白如雪，个体中等偏大，丛生或单生，鳞片少，鲜销无需刮皮。耐湿性强，品质优，产量高，生物效率为 150%~180%。

目前，可供选择的鸡腿菇品种很多，如特白 33、特白 39、CC-180、CC-173、CC-123 等。

二、鸡腿菇栽培技术

（一） 栽培场所

鸡腿菇的栽培场所可因地制宜，尽量利用闲置房屋及空闲地，也可利用日光温室进行地栽或与蔬菜、果树等作物套栽。

（1） 在菇房内搭多层床架栽培。

（2） 日光温室内地栽或者与其他作物套栽。

（3） 露地搭小拱棚畦栽。

（4） 空闲地（如房屋前后，林、果树下等）搭阴棚或小拱棚栽培。

（二） 栽培季节确定和菌种制备

1. 栽培季节确定

鸡腿菇子实体生长的适宜温度为自然条件下，确定栽培季节的关键是子实体的生长温度，鸡腿菇的出菇期安排在当地气温稳定在的季节。固原市鸡腿菇栽培季节的确定主要考虑低温，出菇期安排在当地气温（或室温、棚温）稳定在 10℃ 以上的季节，夏季虽有高温（高于 24℃）但持续时间不长，可采取遮阴、通风或喷水等措施调节，如果高温幅度大、持续时间长，可停止出菇，等气温稳定后再进行管理。

2. 菌种制备

选用适合本地气候、产量高、品质优、商品性好的优良菌株,按栽培季节,培育出足量、健壮、纯正、适龄的优质栽培种,无条件制种的可向制种厂家定购适龄的栽培种。

(三) 塑料袋栽培

1. 工艺流程 (图5-4)

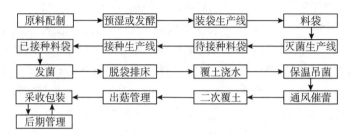

图5-4 鸡腿菇栽培工艺流程

2. 熟料制作

(1) 培养料配制。

参考配方:

①棉籽壳87%,半糠或麸皮10%,尿素0.5%,石灰(1)5%,石膏1%。

②玉米芯(粉碎)87%,米糠或麸皮10%,尿素0.5%,石灰(1)5%,石膏1%。

③麦草(粉碎)47%,玉米芯(粉碎)40%,米糠或麸皮10%,尿素0.5%,石灰(1)5%,石膏1%。

④棉籽壳40%,玉米芯(粉碎)46%,米糠或麸皮10%,尿素0.5%,糖1%,石灰(1)5%,石膏1%。

配制方法:

按照配方将所有原料充分拌匀,再调水,使含水量达60%~65%,以手紧握培养料指缝有水渗出但不滴下为度,加石灰使培养料 pH 值为 8 左右。

（2）装袋、灭菌。塑料袋选择宽 17~23cm、长 40~45cm、厚 0.04cm 的聚丙烯（高压灭菌）或聚乙烯（常压灭菌）袋，用手工或装袋机装料，要求装料均匀，松紧适度，袋两头用扎绳扎紧，装好的袋应立即灭菌（高压 4kg/cm²，保持 5~3h；常压 100℃，保持 10~12h）。

（3）接种、发菌。灭菌后的料袋冷却后搬入接种室或接种箱，严格消毒后进行两头接种，接种量以完全覆盖袋口料面为好，袋两头用扎绳扎口，但不宜过紧，最好用套环，通气盖封口。接好种的菌袋搬入 24~26℃的温度下发菌，菌袋码放可以根据发菌温度灵活掌握，温度高码放的层数要少，袋间距离大，温度低可码放大堆，但要经常检查，防止烧菌，一般 30d 左右菌丝可长满袋。

3. 发酵——熟料制作

（1）培养料配制。

参考配方：

①棉籽壳 76%~87%，干牛粪 10%~20%，尿素 0.5%~1%，石灰（1）5%~2%，石膏 1%。

②麦草（粉碎）37%，玉米芯 40%，干鸡粪 10%，米糠 10%，石灰 2%，石膏 1%。

③玉米芯（粉碎）77%，干鸡粪 10%，米糠 10%，石灰 2%，石膏 1%。

配制方法：

先将干粪粉碎，将等量麦草或玉米芯或棉籽壳，充分拌匀，使含水量为 65% 左右，堆成高 1m、宽 1.5~2m 的堆进行发酵，当温度达到 60℃时翻堆，共翻 2~3 次，再与其他原料拌匀，并调水至含水量 65% 左右，建成高 1m、宽 1.5~2m 的堆，温度至 60℃翻堆 2 次。

（2）装袋灭菌。装袋同熟料，装好的料袋用常压灭菌（100℃保持 4~6h）。

（3）接种、发菌（同熟料）。

4. 发酵料制作

（1）培养料配制。

参考配方：

①棉籽壳 80kg，干牛粪 20kg，尿素 0.5~1kg，磷肥 2kg，石灰 3kg，水 150~160kg。

②玉米秆 60kg，棉籽壳 20kg，干牛粪 20kg，尿素 1kg，磷肥 2kg，石灰 3kg，水 150~160kg。

配制方法：

将各种原料充分拌匀，建成高 1m、宽 1.5m 的堆，覆盖薄膜发酵，当温度达 60℃时保持 12h，共翻 2~3 次。最后一次翻堆时喷杀虫剂，盖严膜杀虫。

（2）拌种装袋。将料摊开降至常温（26℃以下），拌上 10%~20%的菌种，及时装袋，移至 20℃以下的环境下发菌，20~30d 可发满。

5. 脱袋排床（以菇棚地面栽培为例）

搬袋前 2~3d 整平菇棚的地面，用杀虫剂和杀菌剂对菇棚进行杀虫、消毒处理，并在地面上撒适量的石灰粉。再将发满菌丝的菌袋搬入菇棚，剥去塑料袋，排放菌床，菌床南北向，北面距墙 70cm 左右，南面空出 30cm 左右，菌棒的长向与菌床的宽向平行，棒与棒间留 5cm 左右的间隙，每一菌床排放两列菌棒，列间紧靠不留间隙，两菌床之间留 25~30cm（作为走道和浇水渠）。

6. 覆土、洗水

菌床排好后，用处理好的土壤（土中拌 2%石灰，再用

1%DDV 和 2%高锰酸钾或多菌灵喷洒，盖严闷堆 3~4d）填满菌棒间隙，床面及边缘再覆 3~4cm 厚的土壤，然后向床间走道及南面走道浇水，使水渗透菌床，边渗边向床面及床缘补土，保持 3~4cm 厚的覆土。

7. 保温、吊菌

待床面覆土不粘手时立即整平床面，覆盖薄膜保湿吊菌，吊菌期间菇棚温度为 21~26℃，每天揭膜适量通风 1~2 次，促使菌丝向土中生长，以菌丝长透整个覆土层为好。

8. 通风、催蕾

当菌丝长满、长透覆土层后，加大菇棚通风量，并适量向床面喷水（若土层湿度大可不喷水），促使菌丝扭结形成菇蕾。

9. 二次覆土

二次覆土可使鸡腿菇的出菇部位降低，延长子实体在土中的生长时间，菇体个头大，肉质紧实，品质提高。当菌床扭结并有少量菇蕾时，再向床面覆盖 1.5~2cm 处理好的湿土（与第一次覆土处理方法一样，调水至手握成团但不粘手为宜）。

10. 出菇管理

出菇期保持床面覆土湿润，并加强通风换气，当床面土壤较干时，向床间走道和南面渠道灌水，水面高度要始终低于床面覆土层，使水渗入覆土层，但不能漫过覆土层，否则造成土壤板结、湿度过大、出菇困难或烂菇，灌水还可提高菇棚的湿度。菇棚湿度保持在 85%~95%，湿度低时可向墙体、走道喷水，一般不要向床面喷水，否则易造成菇体发黄或烂菇。

11. 采收

鸡腿菇采收要及时，宜早不宜迟，当菌盖与菌柄稍有拉开迹象，手捏紧实时就要及时采收，手捏有空感甚至菌盖与菌柄松动时采收后不易保存，很快就会开伞变黑。采收时一手压住覆土层，一手捏住菇柄下端，左右轻轻摘下即可。

12. 后期管理

当 1 潮菇采完后，及时清理菇根、死菇及杂物，补平覆土层，并喷 2% 石灰水，有病及时喷药防治，向走道及南面渠道灌水，进入正常管理。

（四）发酵料床架栽培

1. 工艺流程（图 5-5）

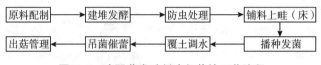

图 5-5　鸡腿菇发酵料床架栽培工艺流程

鸡腿菇类似于双孢菇，可利用菇棚（房）、日光温室等进行发酵料栽培，但鸡腿菇分解纤维素、木质素的能力比双孢菇强，且菌丝生长快，抗杂菌能力强，因此鸡腿菇培养料的发酵与双孢菇相比时间短、翻堆次数少、技术要求低。

2. 铺料发菌

在阳畦内或床架上（架面铺膜）铺上发酵好的培养料，料厚 15~20cm，分三层播种，用种量 10% 左右，最后一层菌种撒在料表面，用木板轻轻拍平，料面覆盖 3cm 左右厚的湿土（处理方法同塑料袋栽培），20~30d 菌丝可长满培养料和覆土层。

3. 出菇管理

当菌丝长满培养料和覆土层后，菇房（棚）应以降温、保湿为主，并给予适当的散射光，促使菌丝扭结形成原基。菇棚（房）温度控制在 16~22℃，湿度控制在 85%~95%，并适量通风换气，保持菇棚（房）内空气新鲜，促进子实体正常生长。

第三节　金针菇栽培技术

一、概述

金针菇隶属于真菌界、真菌门、担子菌亚门、层菌纲、伞菌目、口蘑科、金钱菌属。金针菇因菌柄细长如针、颜色金黄而得名，又称毛柄金钱菌、冬菇、朴菇、构菌等（图 5-6）。

图 5-6　金针菇

金针菇柄脆盖滑，味道鲜美，营养丰富，每百克干菇含粗蛋白 31.23g、粗脂肪 5.78g、可溶性非氮化合物 52.07g、粗纤维 3.34g、灰分 7.58g。含有 18 种氨基酸，每百克干菇中含氨基酸总量为 20.9g，其中人体必需的氨基酸又占氨基酸总量的 44.5%，高于一般菇类。尤其是赖氨酸和精氨酸含量特别丰富。赖氨酸、精氨酸能促进记忆，开发智力，特别有利于儿童的健康成长和智力发育，因此金针菇又有"增智菇""智力菇"之称。

金针菇性寒、味咸，能利肝脏，益肠胃，增智慧，抗癌。金针菇因氨基酸含量高而著称，尤其是精氨酸和赖氨酸含量高，前者可预防肝炎和胃溃疡，后者能增加儿童身高、体重和记忆力。金针菇含有的朴菇素是一种高分子量碱性蛋白，对肿瘤具有明显的抑制作用，也有延长动物寿命的作用。金针菇还具有降血压、抗癌作用。金针菇柄中的大量植物性纤维可吸附胆酸，降低胆固醇，促使肠胃蠕动，强化消化系统功能，是一种理想的保健食品。

金针菇具有栽培周期短、原料广、较易栽培、价格好、栽培效益高等特点，随着人民生活水平的提高，国内外金针菇需求量越来越大，发展金针菇生产，对增加农民收入、提高人民健康水平具有积极的意义。

金针菇的品种根据子实体的色泽可分为 3 种类型。

（一）金黄色品系

菌盖金黄色，菌柄上部金黄色，基部茶褐色且被有褐色绒毛，株丛粗稀，出菇温度范围较宽，出菇早，产量高，抗逆性强，菇体色泽对光敏感，鲜菇质地脆嫩，口感好，但色泽欠佳。

（二）乳黄色品系

菌盖乳黄色，菌柄上部乳黄色，基部微黄，褐色绒毛少，株丛细密，出菇温度范围较窄，抗逆性一般，鲜菇质地脆嫩，口感好，色泽居中。

（三）白色品系

菌盖、菌柄均为白色，菌柄基部稍有白色绒毛，株丛较密，出菇温度较低，菇体色泽对光线不敏感，产量中等，主要集中于第一潮菇，鲜菇质地鲜嫩柔软，色泽佳，为金针菇之上品。

目前，生产上常用的品种很多，如金针菇 913，金白 1 号、8 号、10 号，日本白金，上海 F3、F4 等。

二、栽培技术

(一) 栽培季节确定和菌种制备

1. 栽培季节确定

自然条件下栽培金针菇，栽培季节确定的依据是金针菇的出菇适温（8~14℃），各地应根据当地的气候特点合理安排出菇期，人工控温条件下可周年生产金针菇。

2. 菌种制备

有条件时可从母种—原种—栽培种进行制种，按生产规模备足菌种量；无条件时可向生产厂家定购栽培种。不管哪种方式，菌种必须菌龄适宜，菌丝粗壮，洁白，有细粉状菌丝，纯正，无杂菌和害虫。

(二) 培养料配制

1. 参考配方

（1）玉米芯 75%，麸皮或米糠 23%，糖 1%，石膏粉 1%。

（2）棉籽壳 88%，米糠或麸皮 10%，糖 1%，石膏粉 1%。

（3）棉籽壳 78%，米糠或麸皮 20%，糖 1%，石膏粉 1%。

（4）棉籽壳 40%，玉米芯 37%，麸皮或米糠 20%，糖 1%，石膏粉 1%，石灰 1%。

（5）木屑（阔叶树）77%，麸皮或米糠 20%，糖 1%，石膏粉 1%。

2. 拌料

按配方将所有原料充分拌匀，调水使含水量达 62% ~ 65%。拌好的培养料应当天装袋灭菌，否则培养料发热发酸导致 pH 值降低，影响菌丝生长。

（三）栽培方法

1. 工艺流程（图 5-7）

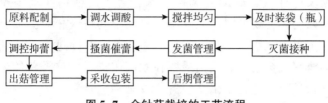

图 5-7 金针菇栽培的工艺流程

2. 塑料袋墙式栽培

（1）装袋。栽培袋为 17cm×50cm 的聚乙烯筒袋，在袋中间装料约 20cm 长，每袋约装干料 400g，袋口两端各留筒膜 15cm，待以后出菇用。料装好后用纤维绳扎紧及时灭菌。

（2）灭菌。装袋后应立即装锅灭菌，高压［压力 0.15MPa（1.5kg/cm^2）］灭菌 1.5~2h，常压（100℃）灭菌 10~12h。灭菌时料袋应直立排入，袋间留出适当的间隙，以便湿热蒸汽的流通与穿透，同时灭菌后减压要慢，防止挤压使料袋变形，如料袋变形，容易造成培养料与袋壁分离而引起袋壁出菇，影响出菇的整齐度与商品性。

（3）接种。料袋灭菌后，待料温降到 30℃ 时，即可接种。接种的关键是严格无菌操作，接种技术要正确熟练，动作要轻、快、准，以减少操作过程中杂菌污染的机会。

（4）发菌。将接种后的菌袋移入培养室的床架上进行发菌培养。发菌期要创造适宜的条件，以促进菌丝健壮生长。

金针菇菌丝生长的最适温度为 23℃，温度过高或过低都会降低其生长速度，在发菌过程中，由于菌丝呼吸作用产生热量，料温比气温高 2~4℃，所以气温控制在 19~21℃ 为宜。温度偏高时，菌丝生长弱，而且容易感染杂菌；温度过低时，菌丝生长慢，且易在未发满菌丝时就出菇。在发菌期间，为使菌丝受温一致、发菌均匀，每隔 7～10d，将床架上下层及里外放置的菌袋调换一次位置。发菌期间温度超过24℃以上时，要及时通风降温。发菌期间空气相对湿度要低些，不需要喷水，保持 60%～65% 即可，湿度过大，杂菌污染的概率就会增加。发菌最好在黑暗中进行，这样菌丝生长速度快且不易老化，出菇整齐。发菌期间加强通风，及时排出菌丝生长过程中产生的二氧化碳，保持空气新鲜，促使菌丝健壮生长。

（5）码袋搔菌。菌丝即将满袋时，及时搬入栽培室进行搔菌。先将菌袋码成高 5～10 层的菌墙，长度不限。

菌墙码好后，拉开扎绳，将袋两头筒膜翻转至略高于料面，及时搔菌。

（6）催蕾抑蕾。在菌墙两端各放两根木棒，木棒间应略宽于料袋，分别在两端两根木棒顶端之间位置上拴一根横棒，再用两根细铁丝拴在横棒两侧并拉紧，最后将报纸或薄膜盖在铁丝上并喷水保湿。报纸可起到遮光保湿的作用，同时可有效地防止报纸压住袋口而影响出菇。保持空气湿润，2～3d 后培养基表面就会长出一层新菌丝，随后每天揭开报纸或地膜 2～3次，加强通风换气，过几天培养基表面就会出现琥珀色水珠，即菌原基，这是出菇前兆。催蕾最适温度为 12～13℃，湿度为80%～85%。再过 2～3d，蕾原基继续分化成丛生小菌蕾（1～2cm 长），这时就要进行抑菌，促使菌蕾整齐一致地向上生长。抑制的方法可采取低温和吹风措施，温度保持在 4～5℃，用小电动机吹风 2～3d，如无此条件，现蕾后在夜晚揭开袋口报纸或地膜，打开门窗，让冷风吹 2～3 晚，也可达到促使菌蕾整齐生长、菌柄增粗的效果。

（7）适时拉袋。抑蕾结束后，当新形成的菇蕾长至 4～5cm 高时，可拉直袋口。注意不可拉袋过早，否则易造成菌袋中间菇蕾缺氧而不能充分发育，导致产量下降。拉高袋的目的是增加袋内二氧化碳浓度和空气相对湿度。根据栽培室的通风状况和栽培规模的大小，拉直袋口的时间可以一次完成，也可两次完成。

（8）出菇管理。经抑制后，再盖上报纸，就可转入正常的出菇管理，每天打水 1～2 次，维持室温在 8～13℃，空气相对湿度为 80%～85%。每天打水前，揭开报纸或地膜通风片刻，然后再盖报纸或盖膜打水。这样连续管理 6～7d，就可培养出优质的金针菇。当菌柄长度达 13～18cm、盖菌直径达 0.8～1cm 时就可以采收了。

（9）采后管理。金针菇采收后要进行灌水和补充营养，两者可以结合进行，一般用 0.5% 糖水、0.1% 尿素溶液灌袋，浸泡 5～6h，然后进行搔菌、催蕾、抑制和常规管理，如此反复，可采收 2～3 潮菇。

3. 瓶栽

（1）装瓶、灭菌、接种。750ml 的菌种瓶、化工瓶（广口瓶）以及 500ml 的罐头瓶，都可用来栽培金针菇，以口径 5cm 左右的无色透明化工瓶最为理想。培养料装瓶时，下部要松一些，以利于发菌，上部要装得紧一些，可用捣木捣实，以免水分过快蒸发。培养料通常装至瓶肩以下，压平后，在中间打接种孔。瓶口用双层牛皮纸、聚乙烯薄膜、聚丙烯薄膜或农用尼龙编织袋封盖。如用牛皮纸做封口材料，培养料要适当添加用水量，否则，由于水分蒸发而不利于出菇。特别是在保温培养的情况下，菌丝虽然可以在基质内生长，但因表面干燥而不长菌丝，后期很容易被霉菌污染。有条件时，可用泡沫塑料或纤维做成的专用微孔瓶盖封口，只要把瓶盖拧紧即可。

装瓶后，用高压或常压蒸汽灭菌，冷却后接种。每瓶接入蚕豆块大小的菌种一块，一瓶原种可接种80~100瓶。

（2）菌丝培养。将菌种瓶放在22~26℃的温室内培养，因瓶内温度往往比室温高2~3℃，因此，室温保持在18~20℃即可。为便于调节室温，在床架上选有代表性的菌种瓶3~5个，每瓶插入一支温度计，供检查温度之用。

在适温下，接种后2~3d，菌丝开始恢复生长，8~10d可长到瓶肩以下，同时底部菌丝也开始发育，此后，瓶内菌丝上下一起长，一般只要20~25d，瓶内菌丝即可长满。为促使室内菌丝发育速度均衡，以利于出菇管理，在培养过程中，要经常转瓶和移位。菌丝培养期间，室内应保持干燥，相对湿度应控制在65%以下，从而有效地降低污染率。

（3）搔菌、催蕾。所谓搔菌，就是将完成接种任务的老种块去掉，并松动培养基表面已开始老化的菌丝。如不进行搔菌处理，原基大都集中在老种块上发生，原基数量少，发生时间也不够整齐。搔菌后，培养基上面的菌丝接触到空气，很快恢复生长，能在整个培养基表面很整齐地形成大批的原基。

要注意掌握好搔菌的时机，一般在菌丝长满培养料的9/10，即快要满瓶时进行。搔菌的工具是一根用8号铁丝锻成的扁平小铲，最好多准备几根，轮流烧灼使用，以免带入杂菌。搔菌后，要用小铲将表面松动的培养基压平，否则，松动的培养基很容易干燥，并且很容易造成污染。

搔菌后，一般不要再盖瓶盖，在瓶口放一张用水喷湿的报纸即可。为了促进原基的形成，室温应降至10~12℃，相对湿度应提高到80%~85%，而且室内要黑暗。在低温处理后10~14d，培养基表面菌丝变成褐色，并出现许多小水珠，接着就会形成大量原基。搔菌之后，若不进行低温处理，室温继续保持在 18℃ 左右，菌丝很快老化，不但推迟出菇时间，而且很难获得好的收成。搔菌后，瓶内含水量对出菇影响特别重要，如空气湿度过低，瓶内培养基逐渐干燥，就会在表面出现很浓的气生菌丝，出菇不均匀；若空气湿度过高，原基下部会出现大量暗褐色液滴，引起病害。

（4）抑蕾。当原基继续发育成丛生小菌蕾时，就要进行抑蕾，促使菌蕾整齐一致地向上生长。应放在 3~5℃ 的低温环境下进行抑蕾，相对湿度控制在 80%~85%，并经常通风。因为金针菇的子实体在 10~12℃ 时生长最快，但菇柄长，质量差。若能满足上述条件，则可形成菌柄挺立、脆嫩、色白的子实体，而且出菇也比较整齐。经过 5~7d 的培养，即可进入出菇管理。

（5）出菇管理。当菌柄长到 2~3cm 高，并开始长出瓶口时，菌盖已开始分化，要及时移到出菇室进行低温培养。室温控制在 5~8℃，相对湿度以 75%~80% 为好，这样，子实体才能正常生长，并提高菇的品质。菌柄长出瓶口 2~3cm 时，要在瓶口套上一个用蜡纸或塑料做成的套筒（用其他质地较韧的纸亦可）。套筒不要做成齐筒形，上大下小，开角 15°，下面可以预先留 4 个小孔，以便空气自然从下部流入，加套筒的目的是让子实体在避光、低湿、缺氧的条件下，形成色白、脆嫩、柄长、盖小的子实体。套筒的时间不能太早，否则，只有瓶子中间的菇能长长，而周围的菇都长不长，或只能形成不太粗的针状畸形菇，不长菌盖。旧法生产不用套筒，瓶内很早就出现菌盖，产量一般不高。另一种方法是开始可用短一些的套筒，高 7~8cm，2~3d 后，根据子实体的生长情况，再换上另一个高一些的套筒，高 10~12cm，这样可以使菇柄继续向上生长。在出菇期间，除菇房经常保持潮湿外，在套筒上可喷少量清水，但绝不能往瓶内喷水。近来也有人在瓶口套上一个塑料袋，再用橡皮筋扎住，随着菇柄生长，将塑料袋向上提升，这样也能获得品质优良的产品。

（6）采收和再生菇管理。当菌柄长到 13～14cm 高时，去掉套筒，将整丛菇从培养基上取下来。一般来说，从接种到采收大约需 50～60d。以木屑培养基为例，一个 750ml 的瓶子，可长 50～150 个子实体，鲜重 100～140g。瓶栽金针菇一般可采收两批，如果湿度不够，第二批菇蕾便很难生长，10～15d 后，若没有菇蕾长出，可在培养基表面喷少量清水，切勿过多，一旦有菇蕾发生，便要停止在培养基表面喷水。第二批菇数量要少一些，质量也比前一批差，每瓶可采鲜菇 60～80g。

第四节　黑木耳栽培技术

一、概述

黑木耳隶属于担子菌纲、银耳目、木耳科、木耳属（图 5-8）。黑木耳口味鲜美，营养丰富，是高蛋白、低脂肪的保

图 5-8　黑木耳

健食品。黑木耳不仅具有独特的口味，营养价值高，而且也兼有药用价值。黑木耳含有大量的纤维素酶，长期食用，能消除胃肠中的杂物，具有清肺润肺的功效，也是中医治疗寒湿性腰腿疼痛、手足抽筋麻木、痔疮出血、痢疾及产后虚弱等病症的常用配方药物。据研究，黑木耳还有一定的抗肿瘤作用。

黑木耳人工栽培始于我国，据记载已有上千年的历史。黑木耳是温带特有的食用菌，也是世界上分布较普遍的一种木腐菌。黑木耳在我国遍及 20 多个省市、自治区，宁夏黑木耳主要分布在六盘山及贺兰山区。

二、栽培技术

（一）塑料袋栽培黑木耳

1. 选择优良菌种

菌种的优劣是栽培黑木耳成败的关键。应选择适合锯木屑、玉米芯等原料栽培的高产、优质、抗杂性强、菌丝生长快、耳芽分化比较集中、子实体生长快、具有早熟特性的优良菌株。如沪耳 1 号、3 号、4 号菌株是上海市农业科学院食用菌研究所培育的较适合袋料栽培的品种。同样的栽培条件，用优良菌株产量一般可提高约 30%。要选择菌丝洁白健壮、无杂菌的菌种栽培，菌龄以 30~45d 为宜。

2. 安排好栽培季节

黑木耳是一种中温型菌类，在高温、高湿的环境中袋栽黑木耳，容易滋生霉菌，侵染培养料，造成污染和流耳的发生。因此，袋栽黑木耳应错开伏天高温季节，减少霉菌侵染。

（1）宁夏回族自治区川区。一年一般安排两季，春季在 2 月下旬至 3 月中旬约 30d 内生产栽培种，3 月中旬至 4 月底约 40d 内发菌生产菌袋，4 月底至 6 月底的 60d 内出耳。秋季在

6 月上旬至 6 月底的 30d 内生产栽培种，7 月上旬至 8 月中旬约 40d 内发菌生产菌袋，8 月中旬至 10 月中旬的 60d 内出耳。

（2）宁夏回族自治区南部山区。由于气温较低，一年安排一季为宜，4 月中旬至 5 月中旬生产栽培种，5 月中旬至 6 月下旬发菌生产菌袋，7 月上旬至 9 月上旬出耳。但在设施条件下，可周年生产。

3. 培养料配制

（1）培养料配方。各地可根据当地的主要原料，在下列配方中选择。

①阔叶树木屑 78%，麦麸 20%，石膏粉 1%，糖 1%。

②针叶树木屑 76%，麦麸 20%，石膏粉（1）5%，糖 1%，过磷酸钙 1%，尿素 0.5%。

③阔叶树木屑 89%，麦麸 10%，石膏粉 1%。

④稻草 70%，阔叶树木屑 15%，麦麸 13%，过磷酸钙 1%，石膏粉 1%。另加干料重 1% 的糖、0.4% 的尿素和 0.3% 的硫酸镁。

⑤稻草 66%，麦麸 32%，过磷酸钙 1%，石膏粉 1%。

⑥玉米芯（粉碎）60%，阔叶树木屑 29%，麦麸 10%，石膏粉 1%。

⑦玉米芯（粉碎）49%，阔叶树木屑 49%，石膏粉 1%，糖 1%。

⑧玉米芯（粉碎）99%，石膏粉 1%，维生素 B_2（核黄素）100 片（每片含 1mg）。

（2）培养料准备。培养料应选择新鲜、无霉变的原料。用针叶树木屑作为培养料，应先将其晒干，用 1.5% 石灰水浸泡 12h，捞出后用清水冲洗，滤干备用。用玉料芯作为培养料，应先在日光下暴晒 1~2d，然后用粉碎机将玉米芯粉碎成黄豆粒至玉米粒大小的颗粒，不要太细，否则将影响培养料的通气性，造成发菌不良。整玉米芯用清水泡透，捞出滤去多余的水分即可。用稻草作为培养料，可将稻草侧成约 3cm 长的小段。

（3）培养料拌料。按配方比例称取各种原料，将用量大的原料放在水泥地上混合均匀，然后将糖和化学物质溶于水中，再加入称好的主料中，一起翻拌均匀。培养料含水量以 60%~65% 为宜，培养料含水量太大时，菌种不易成活，而且子实体瘦小片薄，产量不高。

4. 装袋

塑料袋应选用耐高温的聚丙烯塑料袋，在高压灭菌时不易受损。如采用土蒸灶灭菌，可用聚乙烯袋。袋大小以 17cm×35cm 为宜。料袋过大时，料内的营养物质不能完全转化，会造成浪费。

拌好的培养料应及时装袋，当天装完，当天灭菌。装袋时先将塑料袋底的两角向内塞，这样使袋底平稳。装入的培养料为袋高的 3/5，然后用手压实培养料，并使上下松紧一致，每袋可装干料约 0.3kg。装料后，用锥尖木棒在料中从上往下扎一孔径为 2cm 左右的通气孔，袋口外面套上直径 3.5cm、高 3cm 的硬质塑料环，并将袋口外翻，形成像瓶口一样的袋口，袋口内塞上棉塞，外面再包扎上牛皮纸。

5. 灭菌

若用土蒸灶灭菌，温度达到 100℃时，维持 6~8h；用高压锅灭菌时，在 1.5kg/cm² 的压力下保持 1.5~2h，防止冲袋。

6. 接种

将灭菌后的料袋转入接种室，并熏蒸消毒，待料袋冷却到 30℃时，开始接种。每袋接入一匙栽培种，菌种要分散在培养料的表面，一般每瓶栽培种可接 25 袋左右，然后按原棉塞和牛皮纸封好袋口。接种时，动作越快越好，以防杂菌污染。

7. 发菌管理

（1）温度管理。接种后的料袋一般放在培养室内发菌。应将料袋放在培养架上或在地上码成3~4层。根据木耳菌丝生长对温度的要求，应分别在3个不同温度阶段培养菌丝体，前期保持在20~22℃，使刚刚接种的菌丝慢慢恢复生长，这样菌丝粗壮，抗杂性强。中期，即接种15d后，木耳菌丝生长已占优势，这时可将温度升高到25℃左右，加快发菌的速度。后期，即菌丝吃料快到袋底部时，把温度降到18~22℃，使菌丝在较低的温度下茁壮生长，使营养分解充分。经过3个不同阶段的培养，菌袋出耳早，抗杂性强，产量高。

在发菌过程中，菌丝不断释放热量，这些热量贮存在袋内，会使袋内温度逐渐增高，一般袋内培养料的温度往往高于室温2~3℃，所以培养室的温度不应超过25℃，当堆内温度偏高时，可通过翻堆、降低层数、拉开袋与袋之间的距离等方法，使热量散出，将温度控制在20~25℃；若温度偏低，则应加高层数，并添加覆盖物，促使温度上升。

（2）空气湿度管理。培养室的空气相对湿度保持在60%左右为宜。遇干旱少雨时，空气湿度太低，培养料水分损失多，培养料易干燥，对菌丝生长不利，应向地面、空间喷水，喷水时不要将水喷到料袋上，以防引起杂菌污染。如遇雨天湿度过大时，可在培养室的地面撒石灰粉，以降低空气相对湿度。

（3）光照管理。在菌丝培养阶段，要保持培养室黑暗或弱光，这样有利于菌丝生长，防止出现菌丝体还未吃透培养料就出耳的现象。

（4）污染处理。在发菌过程中，要及时检查和处理污染料袋。料袋在接种后 20d 内，每天要检查一次。发现有轻度污染时，可挑出来另放，并在污染处用注射器注入 0.2%多菌灵溶液，浸透污染斑，然后封贴胶布，控制杂菌的蔓延。污染严重的应及时将整袋拿出培养室，深埋或烧毁。在菌丝培养 20d以后，发现有轻度的杂菌污染，这时袋内也已经有许多黑木耳菌丝体时，可将其拿出培养室，单独培养，单独出耳，也会有一定的产量。检查料袋时要轻拿轻放，尽量减少搬动次数，否则会增加污染率。

8. 出耳管理

接种后大约经 40d 的培养，菌丝即可吃透培养料，这时可将菌袋搬入栽培室或在室外的阴棚、林下进行出耳管理。

（1）室内出耳管理。可采用架式和挂式两种出耳栽培形式。首先要进行栽培室内消毒，然后及时将长满菌丝的菌袋转入栽培室。架式栽培时，床架以单架为好，四周不靠墙，便于管理，床架宽约 50cm，每层间距 45cm，一般为 4～6层，两架之间留一走道。先将菌袋用 0.1%高锰酸钾溶液清洗消毒，去掉封纸、棉塞以及颈圈，立放在床架上。或用绳子扎住袋口，用经消毒的刀片在菌袋四周均匀地割 6 个条形孔，以满足黑木耳对氧气、水分的要求，促进耳芽形成。条形孔宽 0.2cm，长 5cm。开条形孔可使耳芽有规律地分布，出耳密度适宜，耳片分化快，喷水时袋内不会积水，可防止出耳期间的污染和流耳发生，还可增加出耳潮次，提高产量和质量。开孔后，将预先准备好的 S 形铁丝钩在扎袋口的绳子上，挂在架上，袋与袋相互错开，间距 10～15cm 为宜，使每个菌袋都能得到充足的光照、水分和空气，又能充分利用空间，便于管理。

菌袋放好或挂好后，每天要向室内空间、墙壁、地面喷水，不要将水直接喷在菌袋上，避免开口积水损伤菌丝。要求空气相对湿度保持在 80%~85%，室温保持在 15~22℃昼夜温差每天通风 1 次，使耳房内空气新鲜。这样经过 5~10d，就会产生耳芽原基，并逐渐长大，此时每天喷水 2 次，空气相对湿度保持在 90%~95%，温度掌握在 22℃ 左右，要加强通风换气。同时，还要增加光照，使耳片色泽变黑，提高品质，一般光照强度以 2 500lx 以上为宜，出耳期间要经常倒换和转动菌袋的位置，使每个菌袋都能得到适宜的光照。约 15d 后，耳片平展，子实体成熟，即可采收。

（2）室外出斗管理。室外可进行环割和挂袋两种出耳栽培形式。出耳场地应选择遮阴较好的林间或简易阴棚。简易阴棚出耳的也应搭多层床架悬挂或立放。在林间栽培时，便于挂袋管理，注意保持空气相对湿度在 90% 左右，如果白天温度达到 25℃ 左右，约经 15d 就可以采到质好、色深的黑木耳。采收 1 次后，要停水 6~7d，让菌丝恢复生长，然后再喷水管理。一般可采收 3~4 次。室外栽培的黑木耳比室内的色深、耳大、肉厚、品质好、产量高。

（二）采收

1. 采收时期

当耳片充分展开、边缘内卷、颜色由黑变褐、耳根收缩、耳片肥厚并富有弹性、子实体腹面开始出现白色孢子粉时，应及时采收，采耳最好选在晴天的早晨，若遇上连阴天，可以全天采，遇到下雨天，要趁雨停时采收。阴雨天采耳要尽量避免流耳的发生。

2. 采收方法

采收前一天停止喷水，采收时，菌袋或耳木上的耳片多数已成熟，可一次采完，如果耳片生长不齐、幼耳较多时，应采大留小，用小刀沿子实体边缘插入耳根切下。耳根要与耳片一起摘下来。如果不摘尽，容易发生烂根流耳，使杂菌滋生，要勤摘、细拣，保持木耳完整无损。

（三）分级

国家标准局于 1986 年 3 月 1 日公布的《中华人民共和国国家标准——黑木耳》将干黑木耳划分为三级，如表5-1。

表5-1　黑木耳的分级

分级项目	一级	二级	三级
耳片色泽	耳面黑褐色，有光亮感，背面暗黑色	耳面黑褐色，背面暗灰色	多为黑褐色至浅棕色
耳片大小	耳片完整，不能通过2cm 的筛眼	耳片基本完整，不能通过 2cm 的筛眼	耳片小或成碎片，不能通过 0.4cm 的筛眼
耳片厚度	1mm 以上	0.7mm 以上	
杂质	不超过 0.3%	不超过 0.5%	小超过 1%
拳耳	不允许	不允许	不超过 1%
流耳	不允许	不允许	不超过 0.5%

除以上主要指标外，各等级均不允许有虫蛀耳和霉烂耳，而且含水量不得超过 14%，化学指标均为：粗蛋白质不低于7%，总糖不低于 22%，纤维素 3%~6%，灰分 3%~6%，脂肪不低于 0.4%。

第五节　金福菇栽培

一、概述

金福菇（*Tricholoma giganteum* Massee）（图5-9），是台湾

图 5-9　金福菇

对巨大口蘑、洛巴口蘑的别称，又名白色松茸，香港称洛巴口蘑，日本称和仁王占地菇。属口蘑科，口蘑属，是一种刚驯化栽培成功不久的热带、亚热带高温型大型肉质、草腐生、非菌根食用菌，具有栽培子实体产量高、味道鲜脆、保质期长、适宜高温季节栽培的珍稀食用菌的特性。此菌的成功栽培新增了粪草栽培的食用菌种类，可利用可再生的农业下脚料进行栽培。栽培模式有室内床栽和室外畦栽。

　　金福菇同其他食用菌一样是好氧性菌类，属草腐菌，以土壤中腐熟或半腐熟的粪草、作物秸秆的堆肥为营养源，适宜的培养料的碳氮比为（33~42）：1；菌丝体生长温度范围 15~35℃，适宜温度 25~30℃，子实体发生的温度为 22~34℃。温度低于 20 或高于 35℃，菌丝生长速度缓慢，低于 10℃或高于 40℃，菌丝停止生长。培养料适宜含水量 65%，适宜 pH 值为 4~8.5，最适 pH 值 6~7。

二、栽培技术

(一) 工艺流程

生产季节安排→安全备料→拌料→装袋→灭菌→冷却→接种→菌丝培养→菌包排架（开袋覆土）→出菇管理→采收加工。

(二) 技术要点

1. 生产季节安排

根据金福菇是高温型珍稀食用菌的生物学特性，南方季节性栽培可安排在春夏秋季出菇，北方季节性栽培可安排在夏秋出菇。就福建栽培而言，春夏季栽培可在 3—4 月播种，5—7月出菇管理；夏秋栽培可安排在 7—8 月播种，9—11 月出菇管理。北方栽培一年一季，可安排在 5—6 月播种，7—9 月出菇管理。洛巴口蘑的菌种生长速度较慢，通常 750ml 的菌瓶原种需要 45~50d 才能长满瓶，栽培种需 30~35d 满袋，制种或订购菌种的时间要提前做好安排。

2. 安全备料与配方

可用于洛巴口蘑栽培的原料种类较多，农林下脚料均可作为栽培的原料，如作物秸秆稻草、甘蔗渣、玉米芯、棉籽壳、木屑等。

常用配方：

（1）稻草切段 60%，棉籽壳 20%，麸皮 18%，碳酸钙2%，含水量 65%~68%。

（2）杂木屑 70%，棉籽壳 12%，麸皮 16%，碳酸钙 2%，含水量 65%~68%。

3. 培养料前处理

培养料的预处理有发酵和不发酵两种工艺，不发酵的培养料菌丝培养成熟的时间较长，发酵培养料菌丝培养成熟的菌龄较短。堆制发酵的培养料通过 12d 左右的建堆→翻堆 1→翻堆 2→翻堆 3 的程序达到培养料半腐熟，建堆时除麸皮以外的其他培养料按配方比例混合堆制，堆高 1.5m，底宽 1.5m，上宽 1.2m，逐层撒入 1%~2% 生石灰，堆温达到 65℃ 以上，发酵培养料可达到菌丝易消化吸收、减少杂菌污染、缩短出菇期、提高产量的效果。

4. 装袋灭菌

每袋装干料 400g 左右，采用常压灭菌工艺的菌袋规格是 17cm×(33~38)cm 的高密度低压聚乙烯菌袋，高压灭菌工艺的菌袋是相同规格的聚丙烯袋。拌料均匀，装袋松紧一致，料袋重量 1.3~1.5kg。常压灭菌 100℃，保持 10~12h；高压灭菌，126℃、$1.47×10^5$ Pa，保持 2~2.5h。

5. 菌丝培养

菌袋置于 25~30℃ 条件下培养，通常 17cm×33cm 规格菌袋 40d 左右菌丝长满袋。

6. 开袋覆土

菌龄成熟的菌袋去棉塞和套环，室内床栽可脱袋后直立于菌床上，统一覆土，也可不脱袋，逐袋覆土；室外栽培经过整畦，同样可脱袋后直立于菌床上，统一覆土，也可不脱袋，逐袋覆土。

7. 出菇管理

（1）水分管理。覆土后需喷重水 2~3d，后保持空气相对湿度 90% 左右，同时适量通风，然后覆盖塑料膜，促进菌料水分吸收，使菌被湿润。每天通风 2~3 次。

（2）温差管理。季节性栽培利用昼夜温差，室内栽培采用昼关门窗、夜开门窗的方法，室外栽培采用昼覆盖塑料膜、夜间掀开塑料膜的方法拉大温差，诱导原基产生。

通常覆土喷水 8～10d 即可产生原基，常温条件下，10～15d 即可采收。采收时连菌根一起拔起。停水 7～10d，重复喷重水和拉大温差的管理，约 15d 后可采收第二批菇。

8. 采收加工

（1）适时、及时采收。洛巴口蘑以鲜菇销售为主，采收前一天停止喷水，还要根据市场对鲜品的品质要求，适时、及时采收，特别是夏季栽培的鲜菇采收，由于此时气温高，子实体生长迅速，采收更需适时。

（2）采收方法。通常采用人工整丛采下。采后切下菇蒂，不带培养基，保持菇体干净。

（3）采收流程。

适时采收→检验入库→分级包装→装箱→冷藏（0～4℃）→检验→出仓外运。

第六节　双孢蘑菇栽培技术

一、概述

双孢蘑菇因其担子上一般着生 2 个担孢子而得名。双孢蘑菇又名白蘑菇、洋蘑菇，简称蘑菇，是世界上栽培量最大的食用菌之一，也是我国食用菌栽培中栽培面积最大、出口创汇最多的拳头品种（图 5-10）。双孢蘑菇色白质嫩，味道鲜美，营养十分丰富，是一种高蛋白、低脂肪、低热能的健康食品，而且双孢蘑菇的菌丝还可以作为制药的原料，具有降低胆固醇、降低血压、防治动脉硬化等作用。双孢蘑菇中所含多糖类物质具有抗癌作用；用双孢蘑菇罐藏加工预煮液制成的药物对医治迁延性肝炎、慢性肝炎、肝肿大、早期肝硬变均有显著疗效。

图 5-10   双孢蘑菇

蘑菇的人工栽培始于法国，距今已有 300 多年，其栽培发展历史见表 5-2。

表 5-2   双孢蘑菇栽培发展历史

栽培时期	栽培情况
17 世纪中期	双孢蘑菇的人工栽培始于法国
19 世纪末（1893 年）	发明孢子培养法
20 世纪初（1902 年）	用组织分离法培育纯菌种获得成功，从法国向世界各地传播
20 世纪 30 年代	我国在上海和福州等大城市，开始少量人工栽培
20 世纪七八十年代	福建、浙江成为我国乃至世界重要的栽培基地，我国进入第一个高峰
20 世纪末	我国双孢蘑菇栽培业发展的第二个高峰期

当前，全世界有 100 多个国家和地区栽培双孢蘑菇，美国、英国、荷兰、法国和意大利是世界上栽培技术最先进的国家，美国、中国等国是栽培大国。我国的主产区在福建、上海、广东、浙江、江苏、广西壮族自治区、湖南、四川和台

湾。双孢蘑菇栽培之所以成为全世界有魅力的产业，主要是因为可以采用各种规模或方式进行生产，从农民家庭作坊式生产到产业化的现代规模化生产方式均有。

二、栽培技术

我国农户栽培蘑菇的主要方式有室外小拱棚栽培、室内床架栽培、塑料大棚栽培以及山洞和人防工程栽培等，本教材重点介绍室内床架栽培。

（一）栽培季节

蘑菇的最佳栽培期应根据子实体发生的适合温度与建堆的适合温度来决定。一般以当地平均气温能稳定在 20~24℃、35d 后下降到 15~20℃为依据。在自然条件下，通常安排在秋季和早春两季栽培，自北向南逐渐推迟。考虑到蘑菇子实体发育周期较长，为了取得更好的经济效益，上海地区安排在秋季开始栽培。

（二）栽培品种

目前栽培的双孢菇品种按菇体大小可分为大粒型、中粒型和小粒型；按子实体发生温度可分为高温型、中温型和低温型；按子实体色泽可分为白色、棕色和奶油色。双孢蘑菇主要栽培品种情况见表5-3。

表5-3　双孢蘑菇主要栽培品种情况

品种名称	品种特性
As2796	出菇适温 10~25℃，菇体洁白圆正，抗杂力强，国内主要当家品种
蘑菇176	适应温度范围广，菇形大，产量高，出菇整齐，适合鲜销
浙农1号	适应温度范围广，菇形大，产量高，出菇整齐，适合鲜销
新登96	适宜出菇温度 10~25℃，抗高温，菇圆正，耐储运，夏季栽培
F56、F60、F62	抗杂力强，转潮快，后劲足，菇体洁白圆正，质密，商品率高

其中，As2796 是典型的杂合菌株，由高产亲本和优质亲本杂交而来，As2796 菌株生长速度快，适合二次发酵栽培，鲜菇圆正，无鳞片，有半膜状菌环，菌盖厚，柄中粗、较直、短，组织结实，菌褶紧密，色淡，无脱柄现象。As2796 菌株具有菌肉厚、菇色白、菇体大、柄粗短、产量高等优点，深受鲜销市场欢迎，并且抗杂能力强，栽培容易获得成功。

（三）培养料配方

在实际栽培中，因各地原料种类、来源不同，C、N 含量不一，应根据主材料用量，通过添加辅助氮源量，试验出合理配方。各地还应根据原料质量适当修正。最终播种前培养料纯含氮量应保持在 1.5%~2.0%。

下面介绍两种常用配方。

配方一：栽培 100m² 需要备足干稻草 2 000kg，干牛粪 1 500kg，硫酸铜 29.4kg，饼肥 44.8kg，尿素 4.5kg，石膏 35~50kg。

配方二：以种植栽培 100m² 为例（具体栽培时根据面积按此配方比例计算），需牛粪 1 300kg、稻草 2 000kg、尿素 20kg、石膏 50kg、玉米粉 20kg、复合肥 20kg、石灰粉 50kg、过磷酸钙 60kg。

（四）栽培管理

1. 准备工作

双孢蘑菇室内床架栽培的准备工作主要有菇房准备、床架准备、原料准备、菌种准备等几个方面。用牛粪、猪粪、羊粪、鸡鸭粪等，使用牛粪栽培双孢蘑菇，质量很好，产量也高，但必须晒干后捣碎使用。

简易房屋均可作为菇房，菇房必须做到防风、保温、遮光和通风，以坐北向南、地势干燥、排水方便、环境清洁、近水源的场地为佳。搭建的简易菇房宽度为 8.5m，长度视需要而定，但过大会造成中部通风不良、不易升温，过小则利用率不高。高度控制在 4.0m 左右为宜。门窗可根据天气开关调节。床与床之间和床与房壁之间要留 70~80cm 的过道，菇床架每排间隔 0.6~0.8m，一般每排设置 4~6 层，床架宽 1.4~1.5m，层距 0.6m，底层离地面 0.3~0.4m，顶层与房顶保持一定的距离。

栽培前要对菇房进行消毒清理，可采用石灰浆、波尔多液、石硫合剂等进行涂和喷，有条件的菇房可通入蒸汽进行高温高湿来杀灭有害生物。

2. 培养料发酵

栽培料主要由牲畜粪和秸秆组成，多采用二次发酵法。

（1）前发酵。前发酵在室外进行，与传统的一次发酵法的前期基本相同，建堆时间一般在播种期前 30d 左右。将稻草用 0.5％石灰水浸 2d，将干牛粪充分预湿打碎。按栽培料配方比例加料，分层堆置。在地上铺一层预湿过的稻草，厚约 20cm，宽 1.6~2m，长 8~10m，然后在稻草上铺牛粪，接着再铺稻草，就这样间隔着一层稻草一层粪，堆叠直至 1.8m 左右。在天气晴好时用稻草遮阳，下雨天用薄膜遮雨，雨过天晴后要及时揭膜保持通透。为使堆中温度均匀，使好氧微生物充分发酵，最好在堆的中间埋一通气孔道。夏秋季节如此堆置 4~5d 后，堆内温度可达 70℃左右，这时可进行第 1 次翻堆。翻堆是为了使整堆材料内外上下倒换，使其发酵均匀彻底，不含生料。第 1 次翻堆后 5~6d，可进行第 2 次翻堆。以后每隔 3~4d 翻 1 次堆，该阶段一般翻堆 4~5 次即可完成前发酵，以保证发酵效果良好。水分调节要在第 1 次、第 2 次、第 3 次翻堆时完成，原则是"一湿二润三看"，即建堆和第 1 次翻堆时要加足水分，第 2 次翻堆时适当加些水分，第 3 次翻堆时，依据料的干湿情况决定是否加水，此时料的湿度控制在 70% 左右。如果配方中加化肥，则必须在建堆时就加入，在第 2 次翻堆时要加入石膏，第 3 次翻堆时加石灰调节 pH 值为 7.5，以后的翻堆一般不再添加任何物质。最后一次翻堆与进菇房的后发酵同时进行，此时草料含水量为 65%~70%，pH 值为 7.0~8.0。堆料呈现出咖啡色、扁平、柔软，同时挥发出淡淡的香甜味或氨味。

（2）后发酵。完成前发酵的培养料搬运到菇房的床架上进行后发酵。后发酵可分 3 个阶段：升温阶段、保温阶段和降温阶段。后发酵的目的是改变培养料的理化性质，增加其养分，彻底地杀虫灭菌。

①升温阶段。菇房加热是后发酵的主要环节，在菇房远处用油桶加满水进行加热并用管子把蒸汽导入菇房内，使菇房温度迅速升高。加温 1~2d，使料温上升至 57~60℃时，保持 6~8h 后停火，进入保温阶段。

②保温阶段。短时间开窗适当通风让菇房适时换气，料温下降至 48~52℃时维持 5~6d，控温结束。

③降温阶段。控温结束后停止加热，使房温和料温逐渐降低。降温后将培养料分床，床料的厚度一般为 15cm，通过分床的抖动，把聚集在堆料中的有害气体排除。这时料呈棕褐色、松软，用手轻拉草秆即断，就可以分料到其他床上，准备播种。

3. 播种

播种前，从菌袋或瓶内取出菌种，然后将其揉成粒状，均匀地播撒在发酵好的培养料上，播种时料温必须低于 28℃。菌种撒播时要求：先将播种量的一半（750ml 的标准菌种每瓶播 0.3m²）撒在料面上，翻入料内 6~8cm 深处，整平料面，再将剩余的一半菌种均匀地撒在料面上，并立即用已发酵完毕的培养料覆盖保湿。用木板轻压料面，使菌种和培养料紧密结合，以达到床面封面快，不易发生杂菌的效果。

4. 发菌管理

发菌初期以保湿为主，微通风为辅，播种 1~3d 内，使料温保持在 22~25℃，空气相对湿度 85%~90%；中期菌丝已基本封盖料面，此时应逐渐加大通风量，以使料面湿度适当降低，防止杂菌滋生，促使菌丝向料内生长；发菌后期用木扦在料面上打孔到料底，孔间相距 20cm，并加强通风。发菌中后期由于通风量大，如果料面太干，应增大空气湿度，经过约 20d 的管理，菌丝就基本"吃透"培养料。

5. 覆土管理

双孢蘑菇在整个栽培过程中是必须覆土，不覆土则不出菇或很少出菇。

覆土前应该采取一次全面的"搔菌"措施，即用手将料面轻轻骚动、拉平，再用木板将培养料轻轻拍平。这样料面的菌丝受到"破坏"，断裂成更多的菌丝段。覆土调水以后，断裂的菌丝段纷纷恢复生长，结果往料面和土层中生长的绒毛菌更多、更旺盛。另外，覆土前要对菌床进行彻底检查处理，挖除所有杂菌并用药物处理。

覆土的材料可就地取材，河泥、泥炭土、黏土、沙土等都可以。选择中性黏土并晒半干湿，按直径 1.5~2cm 敲碎过筛。大约 100m² 的菌床覆土用量为 4.5m³。覆土刺激菌丝扭结，经过 5~7d 后就可见到子实体原基出现，进入出菇管理。水分管理上，覆土后只需每天喷水，补充表面被蒸发的水分，维持床面湿润。

6. 出菇管理

覆土后当菌丝爬到覆土层的 2/3 时，拨开细土观察，见菌丝出现米粒大小白点时适当加大出菇水喷水量，以促进出菇，喷出菇水后应加大通风，防止米粒菇因缺氧而窒息死亡。当菇床上出现子实体原基后，要减少通风量，同时停止喷水，菇房相对湿度保持在 85% 以上，温度在 16℃ 以下。子实体原基经过 4~6d 的生长就可达到黄豆粒大小，这时要逐渐增加通风换气，但不能让空气直接吹到床面，同时随着菇的长大和数量的增加，逐渐增加喷水量，使覆土保持一定含水量。喷水时注意气温低时中午喷，气温高时早、晚喷，喷水要做到轻、勤、匀，水雾要细，以免死菇，阴雨天不喷或少喷，喷水后要及时通风换气 0.5h，让落在菇盖上的水分蒸发，以免影响菇的商品外观或发生病害。双孢蘑菇属厌光性菌类，菌丝体和子实体能在完全黑暗的条件下生长很好。7d 左右子实体逐渐进入采收阶段。

7. 采收

采菇前不要喷水，以免手捏部分变色，必须依据市场的需求标准采摘。采收时动作要轻，避免对其他小菇造成伤害，轻轻往下压并稍转动采下。采收完一潮菇后，要清除料面上的死菇及残留物，并把采菇留下的孔洞用粗细土补平，喷一次重水，调整覆土的 pH 值。提高温度，喷施 1% 葡萄糖、0.5% 尿素、1% 过磷酸钙，促使菌丝恢复生长，按发菌期的管理方法管理，经过 4~7d 的间歇期后，就可以降低温度，喷出菇水增大湿度，诱导下潮菇产生。

双孢蘑菇配制培养料一次，一般可出 6~8 潮菇。采收期从 11 月至翌年的 4 月中旬。双孢蘑菇适于鲜销、盐渍或加工成罐头等出售。

第七节 草菇栽培技术

一、概述

草菇是热带、亚热带地区一种高温草腐型食用菌，是我国南方夏季栽培的主要食用菌种类（图5-11）。草菇在世界上享有"中国蘑菇"之称。草菇由于带有兰花般的浓郁芳香味，故又名"兰花菇"。

图5-11 草菇

草菇的鲜菇味美细嫩、营养丰富，炒菜煲汤均宜，干片味香宜人。营养价值方面，虽然黄豆的蛋白质含量高达39.1%，但其蛋白质的利用率却只有43%，而草菇的蛋白质利用率高达75%，这主要是因为黄豆中的必需氨基酸含量只有0.46%。如果将黄豆与草菇搭配食用，就可使黄豆的蛋白质利用率提高到79%~80%。药用价值方面，草菇中具抗癌活性多糖成分是β-D-葡聚糖，抑癌率达97%。草菇中含有的含氮浸出物、嘌吟碱、特异性蛋白等都具有抗癌作用。经常食用草菇，可以提高机体的免疫能力，防止多种疾病的发生。

中国是草菇栽培的发源地和主产国，草菇栽培资源产泛，操作方便，周期短，广大水稻产区均可栽培。我国年产量（含台湾地区）约占全世界年总产量的80%。草菇在其他亚洲国家也有许多年的栽培历史，东南亚的一些国家，如新加坡、泰国、韩国等从第二次世界大战时就开始栽培。近些年来，在欧美一些国家和地区也开始栽培草菇。

二、栽培技术

草菇因其菌丝生长速度快，子实体产生周期短，决定了其栽培方式较粗放。目前具有推广价值的栽培法主要有室外稻草堆式栽培、室内稻草床架式栽培、室内混合料（稻草与棉籽壳各半）床式栽培、室内全棉籽壳床式栽培。其中稻草室内床栽比室外堆栽生物学转化率高2倍；混合料室内床栽比纯稻草室内床栽生物学转化率高约2倍；棉籽壳室内床栽生物学转化率最高，达到38%。

（一）栽培季节

草菇出菇温度范围在28~30℃最适宜，23℃以下不能形成子实体。据此，长江中下游地区在5月下旬至9月均可栽培。

自然条件下栽培草菇，季节性很强。在热带地区除了酷暑天外每年都可栽培，而在亚热带和温带地区，只有夏秋季适宜栽培。

（二）栽培品种

生产上使用的草菇品种很多。依个体大小，可分为大型种、中型种和小型种；按其菇体颜色可分为黑色草菇和白色草菇两大类。黑菇的主要特征是未开伞的子实体包被为鼠灰色或深灰色，呈卵圆形，出菇较慢，产量较低；白菇的主要特征是未开伞的子实体包被为浅灰色或偏白色，呈椭圆形，出菇快。

草菇优良菌种应具备产量高、品质好（包被厚、韧，不易开伞，圆菇率高，味道好）、生命力强（对不良环境抵抗力强）等特性。在我国生产中较为广泛使用的草菇菌株有 V23（鼠灰色，大型种；高温型品种）、V34（灰白色，中型偏大；高温型品种）、V844（菇型圆整、均匀，白色、中型品种；中温型）、GV34（灰黑色，中型品种；低温型）、屏优 1 号等。

（三）培养料配方

草菇的培养料种类很多，主料使用废棉、棉籽壳、稻草、麦秸栽培的产量最高，甘蔗渣次之。此外还有高粱秆、玉米秆、花生茎、麻渣等，都可以栽培草菇，但产量较低，质量也不好，因此不宜单独使用，必要时可以与稻草搭配使用。栽培时，要选用新鲜、无霉变、未雨淋、并经晒干的原料。如选择稻草时，要选择金黄色、无霉变的干稻草；选择废棉和棉籽壳要选晒干的、未受雨淋、未发霉、新鲜的棉籽壳。

栽培草菇除了棉籽壳、废棉、稻草、麦秸等主料外，还需要一定量的辅料，如牛粪、马粪、鸡粪、米糠或麸皮、火烧土，以及过磷酸钙、磷酸二氢钾、磷酸氢二钾、石灰等，以增加培养料的养分。

常用的培养料配方有：

（1）棉籽壳培养料。棉籽壳97%，生石灰3%。

（2）废棉培养料。棉纺厂废棉90%，生石灰3%，过磷酸钙2%，麸皮5%。

（3）稻草培养料。干稻草82%，干牛粪粉15%，生石灰3%。

（4）麦秆培养料。干麦秆82%，干牛粪粉15%，生石灰 3%。

（5）稻草棉籽壳混合培养料。稻草（铡成 7cm 长）49%，棉籽壳 49%，生石灰 2%。

（6）稻草麦秆混合培养料。稻草 30%，麦秆 62%，麸皮 5%，生石灰 3%。

（7）玉米秆培养料。玉米秸（切成 3~4cm 长）97%，生石灰 3%。

（四）栽培管理

草菇的室内栽培有床式栽培和砖块式栽培两类，以棉籽壳或稻草为原料，用砖块式栽培草菇比床式栽培的产量要高，可能是因为砖块式栽培改善了栽培原料的通气状况，并增加了出菇面积。

1. 床式栽培

（1）铺床。经发酵的培养料温度降至 38℃ 以下时，将培养料抖松、拌匀，没有氨味时进行铺床。使菌床料面上形成中心高、周边低的龟背形，中心料厚 20cm，周边料厚 15cm，料面撒上预先用浓度 2% 的石灰水浸泡过麸皮和石灰粉并喷足水，使含水量达到 75% 左右，pH 值为 9.0~10.0。

（2）播种及播种后管理。每平方米用菌种 500g，采用穴播法播入菌种的 50%，剩下的菌种撒播到菌床培养料的表面，并用木板压实，使菌种与培养料紧贴。播种后盖上塑料薄膜，以利菌丝健壮生长，每天揭膜通风 1~2 次，以控制料内温度。当菌丝长满培养料时，掀掉料面覆盖的塑料薄膜。

2. 砖块式栽培

（1）播种。自制数个长、宽各为 40cm、高 15cm 的正方形木框。将木框置于平地上，在木框上放一张长、宽各约 1.5m 的薄膜，中间每隔 15cm 打一个 1cm 直径的洞，以利于通水透气。向框内装入发酵好的培养料。从菌种瓶挖出菌种，把菌种放在清洁的盆子里，将菌种块轻轻弄碎。采用层播办法播种，即铺1层料、播1层种，共3层料2层菌种，上面的一层菌种稍多些，剩余约1/5菌种撒在料的表面上，用木板轻轻拍平、压实，使菌种与培养料紧贴，面上盖好薄膜，提起木框，即成"菌砖"。

（2）播种后管理。播种后料内温度逐渐上升，一般3~4d可以达到最高温度，通过淋水降温、揭膜、通风降温、料层打洞降温等措施，控制料内最高温度在42℃以下。当菌丝布满菌砖，即拿掉料面覆盖的塑料薄膜。

3. 出菇期管理

播种后9d左右，菌丝开始扭结形成白色小菇蕾。草菇菌丝开始扭结时，要及时增加料面湿度，喷好"出菇水"，喷水时尽量不要直接喷到菇体上；同时增加光照，促使草菇子实体的形成；保持栽培场所温度28~32℃，并不断喷雾，保持室内空气湿度在85%~90%。当大量小白点菌蕾形成后，暂停喷水，以保湿为主，空气相对湿度维持在90%以上；当子实体有纽扣大小时，逐渐增加喷水量。中午气温较高时通风换气，每天通风时间控制在10~15min，防止风直接吹入床面。如菇棚内温度低时应及时加温。

4. 采收

播种后第10d开始有少量菇采收，采收要及时，以提高合格菇的比率。菇形呈荔枝形或蛋形时最适合采摘。采摘时用手按住草料，以免损伤其他小菇或拉断菌丝，采收后及时清理床面或死菇，保持菇棚内温度30~32℃，湿度85%~90%。第1潮菇采收后停止喷水3d，第4d喷1次重水，为第2潮菇提供充足的水分。

第八节 姬松茸栽培技术

一、概述

姬松茸又名小松菇、柏氏蘑菇、巴西蘑菇。1965年，日裔巴西人将这种美味食用菌引入日本（图5-12）。日本岩出菌

图5-12 姬松茸

学研究所所长、三重大学农学部教授岩出亥之助等开始研究，经该所10余年的潜心研究，于1975年驯化栽培成功（"岩出特许"），取名"姬松茸"，以食用蘑菇形式在日本三重、爱知、岐阜三县推广生产，进入消费市场。1991年，四川省农业科学院鲜明耀从日本引种栽培；1992年，我国福建省农业科学院也从日本引进了该菌种，国内开始对姬松茸进行研究；1994年，福建宁德、建阳等地小规模栽培，后不断扩大并逐渐向北方推广。

姬松茸栽培与双孢菇栽培有许多相似之处。姬松茸的栽培有熟料栽培和发酵料栽培两种方式，发酵料栽培具有成本低、产量高、管理方便、易于推广等优点，以下主要介绍发酵料

栽培。

二、栽培技术

(一) 栽培季节

姬松茸属中温型菇类。子实体在 16～26℃均能发生，18～
21℃最适宜。温度偏高时生长快，菇薄且轻，温度偏低，生长
慢。在福建，一般春秋两季栽培，春季在 2 月上旬至 4 月中旬
堆料播种，秋季在 7—8 月堆料播种。我国幅员辽阔，各地区
应根据当地自然气候特点，选择最佳季节。

(二) 培养料配方

(1) 稻草 58%，干牛粪 40%，石膏粉 1.5%，石灰 0.5%。

(2) 稻草 58%，木屑 30%，干牛粪 9.7%，尿素 0.3%，
石膏粉 1.5%，石灰 0.5%。

(3) 稻草 43%，棉籽壳 43%，干牛粪 7%，麸皮 6%，石
膏粉 1%。

(4) 稻草 42%，蔗渣 41%，干牛粪 10%，麸皮 6%，石膏
粉 1%。

上述配方供各地栽培时参考。姬松茸可利用的原材料广
泛，栽培者可根据各地自然资源，选择配制培养料。

(三) 堆制发酵

在播种前 12～20d 按常规法堆制发酵。发酵过程中翻堆
3～4 次。尿素在建堆时与主料一起加入，石膏、石灰等在第二
次翻堆时加入，最后一次翻堆时调整培养料含水量至 60%左
右，覆盖薄膜，闷杀害虫。

(四) 做床铺料

菇棚立体栽培：搭床架 3～4 层，层架之间距离 60cm，宽
90cm。将发酵好的培养料抖散铺在床面上，料厚 15～20cm，

用料量 20~25kg/m^2。

（五）播种

将发酵好的原料铺在架子上，厚度约 10cm，撒一层麦粒菌种再铺 5cm 料，再撒一层菌种，菌种用量为每平方米 3~4 瓶菌种，最后在表面再盖少量的料，轻轻拍实即可。

（六）养菌

养菌温度以 22~26℃为宜，培养料含水量以 60%~70%为宜，养菌期不需要光线，pH 值以 6.0~7.5 为宜，播种 3d 以后，做好通风换气和料基的保湿工作。

（七）覆土

养菌 20d 左右，当菌丝长到整个培养料的 2/3 时开始覆土。选择沙质土，取耕作层以下的土壤，用石灰粉调 pH 值 7.0~8.0，闷堆 2d 使用。在草料表层覆土 2~3cm 厚，保持棚内温度 22~30℃，15~20d 后，菌丝爬到土粒间及表层。

（八）出菇管理

当床面长出大量菇蕾时，菇棚温度应控制在 20~24℃，每天喷水 1~2 次，保持空气相对湿度 80%~90%。菇蕾长至 2cm 时，加大通风量，增强光照。姬松茸整个生长期可采四潮至五潮菇，每潮间隔 10~15d。采收后要清理床面，清除残留菇、萎蔫菇、死菇。停水 3~5d 后，应重新补土，加大通风量。

（九）采收

菌盖呈半球形、菌膜未破裂、菇盖未开伞、子实体八分成熟时采收。采收前 1d 应停止向菇体喷水。采菇时左右旋转菇柄基部，轻轻拔下。切去菇根，防止菇柄带土，采后应及时加工。

第九节　杏鲍菇栽培技术

一、概述

杏鲍菇又称为刺芹侧耳、杏仁鲍鱼菇（图5-13）。现在人工栽培分布较广。杏鲍菇菌肉肥厚，质地脆嫩，特别是菌柄组织致密、结实、乳白，可全部食用，且菌柄比菌盖更脆滑、爽口，被称为"平菇王""干贝菇"，具有愉快的杏仁香味和如鲍鱼的口感，适合保鲜、加工。经常食用对预防和治疗胃溃疡、肝炎、心血管病、糖尿病有一定的作用，并能提高人体免疫力，是人们理想的营养保健品，备受消费者欢迎。

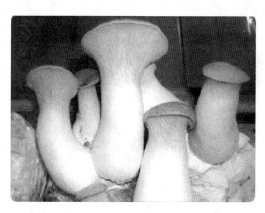

图5-13　杏鲍菇

二、栽培技术

（一）栽培季节

杏鲍菇菌丝生长温度以 25℃ 左右为宜，出菇的温度为

10~18℃，子实体生长适宜温度为 15~20℃。因此要因地制宜确定栽培时间，山区可在 7—8 月制袋，9—10 月出菇；平原地区 9 月以后制袋，11 月以后出菇。根据杏鲍菇的适宜生长温度在北方地区以秋末初冬、春末夏初栽培较为适宜；南方地区一般安排在 10 月下旬进行栽培更为适宜。

（二）培养料配方

杏鲍菇栽培培养料以棉籽壳、蔗渣、木屑、黄豆秆、麦秆、玉米秆等为主要原料。栽培辅料有细米糠、麸皮、棉籽粉、黄豆粉、玉米粉、石膏、碳酸钙、糖。生产上常用培养料配方有以下几种。

（1）木屑 73%，麸皮 25%，糖 1%，碳酸钙 1%。

（2）棉籽皮 90%，麸皮 10%，玉米面 4%，磷肥 2%，石灰 2%，尿素 0.2%。

（3）棉籽皮 50%，木屑 30%，麸皮 10%，玉米面 2%，石灰 1.5%。

（4）玉米芯 60%，麸皮 18%，木屑 20%，石膏 2%，石灰适量。

（5）木屑 60%，麸皮 18%，玉米芯 20%，石膏 2%，石灰适量。

（三）栽培袋制作

制作栽培袋过程与金针菇等相同。须注意原料必须过筛，以免把塑料袋扎破，影响制种成功率，一般选用 17cm×33cm、厚 0.03mm 的高密度低压聚乙烯塑料袋折角袋，每袋湿料质量为 1kg 左右，料高 20cm，塑料袋内装料松紧要适中。常压蒸汽 100℃灭菌维持 16h。料温下降到 60℃出锅冷却，30℃以下接种。

（四）杏鲍菇的栽培方式

有袋栽和瓶栽，生产上主要采用塑料袋栽。现简介如下。

1. 发菌管理

将接好种的菌袋整齐地摆放在提前打扫洁净的培养室里，温度调到25℃左右培养。有条件的还可在培养室里安装负离子发生器，对空气消毒，并结合细洒水给发菌室增氧。一般情况下接种5d以后菌种开始萌发吃料，需要进行翻袋检查。通过检查调换袋子位置有利于菌丝均衡生长，对未萌发袋和长有杂菌的菌袋小心搬出处理。

2. 出菇管理

菌丝长满袋即可置于栽培室取掉盖体和套环，把塑料袋翻转，在培养料表面喷水保湿，以开口出菇；也可待菌丝培养至40~50d后见到菇蕾时开袋出菇，催蕾时要特别注意保持湿度。

（1）温度的调控。杏鲍菇原基分化和子实体生育的温度略有差别，原基分化的温度应低于子实体生育的温度，温度应控制在12~20℃。高湿条件下温度控制在18℃以下，当温度超过25℃，要采取降温措施，如通风、喷水、散堆等。

（2）湿度的调控。湿度要先高后低地调节。前期催蕾时相对湿度保持在90%左右；在子实体发育期间和接近采收时，湿度可控制在85%左右，有利于栽培成功和延长子实体的货架寿命。同时采用向空中喷雾及浇湿地面的方法，严禁把水喷到菇体上，避免引起子实体发黄，发生腐烂。

（3）光线与空气调节。子实体发生和发育阶段均需散射光，以500~1 000lx为宜，不要让光线直接照射。子实体发育阶段还需加大通风量，雨天时，空气相对湿度大，房间需注意通风。当气温上升到18℃以上时，在降低温度的同时，必须增加通风，避免高温高湿而引起子实体变质。

（4）病虫害防治。低温时，病虫害不易发生，气温升高时，子实体容易发生细菌、木霉及菇蝇等虫害，加强通风和进行湿度调控可预防病害的发生。

3. 采收

当菌盖平展，孢子尚未弹射时为采收适期，采收第一批菇后，相隔 15d 左右，还可采收第二批菇，但产量主要集中在第一批菇。采收时，一手按住子实体基部培养料，一手握子实体下部左右旋转轻轻摘下或使用小刀于子实体基部料面处切下，不能拉动其他幼菇和培养料。采收后及时分级包装、上市鲜销。

第十节 香菇栽培技术

一、概述

香菇又名香菌、花菇、香蕈，是一种重要的食用栽培真菌（图 5-14）。香菇肉质肥厚细嫩，味道鲜美，香气独特，营养

图 5-14 香菇

丰富，具有很高的营养、药用和保健价值。香菇除了具有较好的治疗肝病和癌症的功能以外，它可降低血脂，增强人体免疫力，从而提高人的体质。随着经济的快速发展，人们生活水平的不断提高，香菇的国际国内市场将会日益扩大，对香菇及其加工品、保健品的需求量迅速增加，香菇制品前景广阔。

我国是香菇栽培最早的国家，距今有800多年的历史。20世纪30年代以来，中国香菇栽培技术经历了段木纯培养菌丝播种技术、培养料栽培技术、花菇培育技术三次重大变革，一次又一次掀起了香菇业的发展热潮。正是这三次重大变革改写了中国香菇栽培800多年缺乏创新的历史，为中华菇业历史文化谱写了一页页光辉的篇章。1958年，上海科学院陈梅朋研究出纯菌种木屑栽培；1979年，福建古田彭兆旺等人成功研究了熟料袋装木屑等代料栽培技术；1995年以后，河南泌阳、西峡发明了小棚栽培花菇技术，从而极大地提高了我国香菇的品质和产业能级。

二、栽培技术

（一）栽培季节

南方地区一般在秋季栽培，冬春季节出菇。北方地区一般在春季1—4月发菌栽培，避开夏季，秋冬季节出菇。

（二）培养料配方

常用的配方是：木屑83%、麸皮16%、石膏1%，另加石灰0.2%，含水量55%左右。

（三）栽培袋制作

常用18cm×60cm的聚乙烯塑料菌袋，装袋有手工装袋和机器装袋。栽培量大，一次灭菌达到1 000袋以上的最好用机器装袋。装袋机工效高达300～400袋/h。装袋时都要求装的料袋一致均匀，手捏时有弹性、不下陷。料袋装满后，要及时扎口。装完袋，要立即装锅灭菌，不能拖延。常压灭菌时，要做到在 5h 内温度达到 100℃，维持 14~16h，闷一夜。

（四）栽培管理

1. 打穴接种

一般采用长袋侧面打穴接种法，四个人配合操作。第一个人用纱布蘸少许药液（75%酒精：50%多菌灵 = 20：1）在料袋表面迅速擦洗一遍，然后用锥形木棒或空心打孔器在料袋上按等距离打上 3 个接种穴，穴口直径为 1.5cm，深 2cm，再翻过另一面，错开对面孔穴位置再打上 2 个接种穴；第二个人用无菌接种镊子夹出菌种块，迅速放入接种孔内；第三个人用（3.25~3.6）cm×（3.5~4.0）cm胶片封好接种穴；第四个人把接种好的料袋搬走。边打穴，边接种，边封口，动作要迅速。

2. 发菌管理

井字形堆叠，每层 4 袋，4~10 层。发菌时间为 60d 左右，期间翻堆 4~5 次。接种 6~7d 后翻第一次，以后每隔 7~10d 翻一次，注意上下、左右、内外翻匀，堆放时不要使菌袋压在另一菌袋的接种穴上。温度前期控制在 22~25℃，不要超过 28℃，后期要比前期温度更低。15d 后，将胶片撕开一角透气。再过一周后，如生长明显变慢则在菌落相接处撕开另一角。在快要长满时，用毛衣针扎 2cm 左右的深孔。

3. 转色管理

脱袋转色包括脱袋、排筒和转色。

（1）脱袋。当菌龄达到 60 多天时，菌袋内长满浓白菌丝，接种穴周围出现不规则小泡隆起，接种穴和袋壁部分出现红褐色斑点，用手抓起菌袋富有弹性感时，表明菌丝已生理成熟，此时脱去菌筒外的塑料袋，移到出菇场地正好排筒。

（2）排筒。排放于横杆上，立筒斜靠，菌筒与畦面成60°~70°角，筒与筒的间距为4~7cm，排筒后立即用塑料薄膜罩住。

（3）转色。转色是非常关键的时期。转色前期的管理：脱袋3~5d，尽量不掀动塑料膜，5~6d后，菌筒表面将出现短绒毛状菌丝，当绒毛菌丝长接近2mm时，每天掀膜通风1~2次，每次20min，促使绒毛菌丝倒伏形成一层薄的菌膜，开始分泌色素并吐出黄水。当有黄水时应掀膜往菌筒上喷水，每天1~2次，连续2d。转色后期管理：一般连续一周菌筒开始转色，先从白色转成粉红色，再转成红褐色，形成有光泽的菌膜，即人工树皮，完成转色。

4. 出菇管理

一般接种后60~80d即可出菇。秋冬春三季均可出，但不同季节的出菇管理不一样。

（1）催菇。代料栽培第一批香菇多发生于11月，这时气温较低，空气也较干燥，所以催菇必须在保温保湿的环境下进行。催菇的原理是人工造成较大的昼夜温差，满足香菇菌变温结实的生理要求，因势利导，使第一批菇出齐出好。操作时，在白天盖严薄膜保温保湿，清晨气温最低时掀开薄膜，通风降温，使菌筒"受冻"，从而造成较大的昼夜温差和干湿差。每次揭膜2~3h，大风天气只能在避风处揭开薄膜，且通风时间缩短。经过4~5d变温处理后，密闭薄膜，少通风或不通风，增加菌筒表面湿度，菌筒表面就会产生菇蕾。此时再增加通风，将膜内空气相对湿度调至80%左右，以培养菌盖厚实、菌柄较短的香菇。催菇时如果温度低于12℃，可以减少甚至去掉阴棚上的覆盖物，以提高膜内温度。

（2）出菇管理。

①初冬管理。11—12 月，气温较低，病虫害少，而菌筒含水充足，养分丰富，香菇菌丝已达到生理成熟，容易出菇。采收一批菇后，加强通风，少喷水或不喷水，采取偏干管理，使菌丝休养生息，积累营养。7~10d 后再喷少量清水，继续采取措施。增加昼夜温差和干湿差距，重新催菇，直到第二批菇蕾大量形成，长成香菇。

②冬季管理。第二年的 1—2 月进入冬季管理阶段。这时气温更低，平均气温一般低于 6℃，香菇菌丝生长缓慢。冬季管理要加强覆盖，保温保湿，风雪天更要防止阴棚倒塌损坏畦面上的塑料薄膜和菌筒。暖冬时期，适当通风，也可能产生少量的原菇或花菇。

③春季管理。3—5 月，气温回升，降雨量逐渐增多，空气相对湿度增大。春季管理，一方面，要加强通风换气，预防杂菌；另一方面，过冬以后，菌筒失水较多，及时补水催菇是春季管理的重点。先用铁钉、铁丝或竹签在菌筒上钻孔，把菌筒排列于浸水沟内，上面压盖一木板，再放水淹没菌筒，并在木板上添加石头等重物，直到菌筒完全浸入水中。应做到 30min 满池，以利于上下菌筒基本同步吸水，浸入时间取决于菌筒干燥程度、气温高低、菌被厚薄、是否钻孔、培养基配方以及香菇品种。如 Cr-20 的浸水时间就应比 Cr-02 的浸水时间长些。一般浸水 6~20h，使菌筒含水量达到 55%~60% 为宜。然后将已经补足水分的菌筒重新排场上架，同时覆盖薄膜，每天通风 2次，每次 15min 左右，重复上述变温管理，进行催菇。收获 1~2 批春菇后，还可酌情进行第二次浸水。浸泡菌筒的水温越低，越有利于浸水后的变温催菇。通过冬春两季出菇，每筒（直径10cm，长 40cm 左右）可收鲜菇 1kg 左右。这时，菌筒已无保留价值，可作为饲料或饵料。如果栽培太晚或者管理不善，前期

出菇太少，在菌筒尚好、场地许可的条件下，可将其搬到阴凉的地方越夏，待气候适宜时再进行出菇管理。

5. 采收

一般待菇盖展开70%～80%时，菇盖的边缘仍然内卷，菌褶下的内菌膜才破裂不久就得采收，此时菇形、菇质、风味均较优。先熟先采，后熟后采。

采收时一手按住菌袋，一手捏菇柄基部，轻轻旋转再连柄拔起。若待菌盖90%展开才采收，由于香菇采收后的后熟较明显，菇盖仍会展开，影响香菇等级。如待菌盖全展开，烘烤后菇盖边缘向上翻卷，形成薄菇，菇柄纤维增多，菇质较差。

第十一节　茶薪菇栽培技术

一、概述

茶薪菇（*Agrocybe cylindracea*），也称杨树菇、柱状田头菇、柳松茸、柳环菌等，隶属粪锈伞科、田头菇属，是近年来新开发的食用菌品种之一（图5-15）。子实体单生、双生

图5-15　茶薪菇

或丛生，菌盖直径 2 ~ 8cm，表面光滑、浅褐色，菌肉厚 3 ~ 6mm，菌柄长 3 ~ 8cm，粗 3 ~ 12mm，中实，表面有条纹，浅褐色，菌环着生菌柄上部。茶薪菇子实体味美鲜香，质地脆嫩可口，含有丰富蛋白质，是欧洲和东南亚地区最受欢迎的食用菌之一。

中医认为其性平、味甘，有利尿、健脾胃、明目、提高免疫力的功效。

二、栽培技术

（一）工艺流程

备料→培养基配制→装袋（瓶）→灭菌→冷却→接种→培养→出菇管理→采收加工。

（二）技术要点

1. 原料选择与培养基配方

茶薪菇系木腐菌。以阔叶树木屑、棉籽壳或作物秸秆等为主原料，添加适量的麸皮、米糠、玉米粉、豆饼粉、油粕、混合饲料等，菌丝均能旺盛生长和形成正常子实体。

培养基配方：

（1）阔叶树木屑 40%，棉籽壳 40%，麸皮或米糠 14%，玉米粉或豆饼粉 5%，石膏 1%。

（2）棉籽壳 80%，麸皮或米糠 14%，玉米粉或豆饼粉 5%，石膏 1%。

（3）阔叶树木屑 69%，麸皮 30%，石膏 1%。

（4）阔叶树木屑 89%，混合饲料或油粕 10%，石膏 1%。

以上各培养基配方的含水量均为 65% ~ 75%，pH 值 5 ~ 6 为最合适。

2. 培养基制作与培养

培养基制作方法同其他袋栽（木腐型）食用菌。茶薪菇栽培多采用规格为 17cm×（33~38）cm 的聚丙烯塑料袋熟料栽培，也有采用 15cm×55cm 低压高密度聚乙烯菌筒栽培或瓶栽。短袋栽培时配有套环和棉塞，每袋装干料 0.2~0.3kg；长袋每筒装干料 0.7kg。按常规灭菌、接种与培养。培养温度控制在 25℃左右，待菌丝长满后即可转入出菇管理。

3. 出菇管理

出菇场所可选用室内菇房或室外阴棚。一般短袋栽培或瓶栽采用室内菇房，菌筒栽培采用室外棚栽。室内栽培可单层直立层架排放或墙式排放，待菌丝长满袋后，拔去棉塞，取下套环，将塑料袋口提拉直立，上盖报纸，每天喷水 1~2 次，保持报纸湿润，空气相对湿度 85%~95%，温度控制在 16~28℃，最佳 20~24℃，保持通风换气和一定的散射光。另一种出菇管理方法是待菌丝长满后，将袋口放松，以利形成菇蕾，现蕾后将菌袋移至菇房，随着菇蕾长大，将袋口塑料袋剪去，使菌袋上面料筒四周长出菇蕾，随着料筒四周菇蕾自上而下逐步出现而将菌袋向下移脱，直至全部脱掉。水分管理员采用喷雾法，不直接向子实体喷水。菌筒栽培时，待菌丝长满后，将接种穴面的薄膜刈去一条，然后排于畦面上覆土，土厚 1cm 左右。排场前对场地和覆土进行杀虫、杀菌消毒，覆土 2d 后向土面喷水，保持土壤湿润。低温时，畦面覆盖薄膜保温保湿。开袋后 10d 左右子实体大量发生。采收后停水 5~10d 养菌，再进入第二潮菇管理。营养保存尚好的菌袋越冬后第二年春季能继续出菇。

茶薪菇栽培宜于 3 月接种，5 月出菇；或 7 月接种，9 月出菇。在高温季节容易诱发病虫害，特别要注意防治眼菌蚊和蛾。受眼菌蚊为害的栽培袋，培养料变深褐色，菇蕾无法形成，已形成的菇蕾也会萎缩腐烂。防治方法以控制好环境条件及切断侵染源为主。具体做法在栽培袋（瓶）搬入菇房前，对菇房进行彻底清洗消毒，门窗应装上60目纱网。

4. 采收加工

子实体长至菌环即将破裂时及时采收。一旦菇盖下的菌环破裂，采下的菇就会失去商品价值。茶薪菇常以保鲜菇和干品上市销售。

第十二节　真姬菇栽培技术

一、概述

真姬菇［*Hypsizigus marmooreus*（Peck）Bigelow］属伞菌目、白蘑科、玉蕈属，又称玉蕈、斑玉蕈、蟹味菇、海鲜菇、鸿喜菇，是日本首先驯化栽培成功的一种珍贵食用菌，在国际市场上颇受欢迎（图5-16）。真姬菇菌盖肥厚，菌柄肉质，菌

图5-16　真姬菇

盖颜色一般为灰色、灰褐色。真姬菇质地脆嫩，口味鲜美，营养丰富。我国于20世纪90年代引进并逐步推广，生产的真姬菇多以盐渍品出口外销，出口规格为菌盖直径1.5～4.5cm，柄长2～4cm。生产过程主要通过控制环境条件获得盖小柄长的子实体。近年来，国内一些大城市郊区也有鲜品和腌制品出售，市场前景十分看好。

二、栽培技术

（一）工艺流程

1. 熟料袋栽工艺流程

配料→装袋→灭菌→冷却→接种→发菌→出菇管理→采收加工。

2. 生料（发酵料）袋栽工艺流程

配料→堆制发酵→装袋→接种→发菌→出菇管理→采收加工。

（二）技术要点

1. 栽培季节

真姬菇与香菇、平菇相似，属中低温型、变温结实性菇类。子实体原基分化温度为10～17℃。在适宜温度范围内，温差变化越大，子实体分化越快。真姬菇的规模栽培主要分布在湖北、河北、山西、河南等产棉省份，一般为秋冬栽培。在河北省石家庄和冀州市的最佳出菇季节为10月中下旬至翌年的3月中旬，即7月上旬制作三级种，9月中旬接种栽培袋，10月中下旬开始出菇。

2. 菇棚建造

真姬菇栽培产量高低、品质优劣，除选用优良菌种、选择适宜季节和科学管理外，在我国北方栽培中关键还需建造一个结构合理，具有良好保温、保湿性能的菇棚。菇棚以半地下室为好。选择背风向阳地，菇棚东西向长 10～20m，南北宽 3～5m，栽培地下深 1m，棚顶最高处 2m。菇棚结构有两种，一是周围"干打垒"土墙结构，北高南低呈 30°角；另是拱形顶。东西墙留有对称通风口，竹木为架，塑料薄膜封顶，加盖草帘。棚门设在土墙东西向的中央，棚内中央设一东西向通道，菌袋按南北方向叠放成墙式，排放于（东西）中央过道两侧。一般每 100m² 可放置 5 000kg 干料的出菇菌袋。

3. 培养料准备

真姬菇属木腐菌，可广泛利用棉籽壳、棉秆屑、玉米芯、豆秸秆、木屑等为培养料，其中以棉籽壳利用最广泛，其生物转化率可达 70%～100%；豆秸秆栽培的生物转化率为 70%～80%；玉米芯转化率 65% 左右。原料要求新鲜，无霉变。陈旧的原料需经发酵处理后再利用。

4. 制袋与发菌管理

生料栽培的菌袋多采用 22cm×(45～48)cm 低压聚乙烯袋。培养料采用新鲜无霉变的棉籽壳加入 3% 石灰，按料水比为 1∶(1.3～1.4) 拌匀后堆闷 1～2h，用手紧握培养料，指缝中有水痕渗出为宜。按 4 层菌种 3 层料装袋，每袋装湿料 2.5kg 左右，混种量 15% 左右。发菌最好选择在室外树阴下，场地要求干净，无杂草，远离禽畜舍，地面撒上石灰。根据气温高低决定排列层次，通常 4～6 层。低温时，适当增加层数，20℃ 以上时适当减少堆层，以利通风散热。各层菌袋之间以两根平行细竹竿隔开，以利通气，防高温烧菌。菌袋堆墙二列为一组，每列菌袋墙间隔 10～15cm。每 3～6d 翻堆 1 次，袋内温度控制在 20～26℃ 为宜，通常 20～30d 菌丝可长满菌袋。

熟料栽培菌袋多采用 17cm×33cm 聚丙烯袋。

培养料配方：

（1）棉籽壳 92%，麸皮 5%，钙镁磷肥料 2%，石膏 1%。

（2）棉籽壳 72%，木屑 20%，麸皮 5%，钙镁磷肥料 2%，石膏 1%。

（3）木屑 78%，麸皮 20%，糖 1%，石膏 1%。

每袋装干料 500g 左右，在 $1.47×10^5$ Pa 压力下灭菌 2h。冷却、接种后置于菇棚内堆成墙式避光培养，每 3～6d 翻堆 1 次，并及时处理污染菌袋，温度控制在 20～27℃，保持棚内空气新鲜，空气相对湿度不超过 70%。

5. 出菇管理

室外发菌的菌袋，当菌丝发透 2～3d 后，移入菇棚内，墙式堆放，高 4～6 层，将袋口打开，喷水降温加湿，并给予温差刺激。子实体分化生长温度为 10～20℃，以 15～17℃ 为最适，空气相对湿度保持 85%～95%。较大的温差时，子实体分化快、出菇整齐。根据子实体生长情况调整通风量，不良通风易长畸形菇，光照以 100～200lx 为宜。在上述管理条件下，5～7d 袋口产生黄水，这标志着即将出菇。菇体长至符合标准时应及时采收。每次采收后将料面清理干净，重复进行出菇管理，菇潮间隔 10～15d，一般可采收 3～5 潮菇。每 1 000g 干料的菌袋 1～3 潮菇鲜菇量分别可达 600g、250g、150g。第三潮菇时，需用补水器向袋内补水。

6. 采收与加工

当菇盖直径达到 2～4cm，柄长 3～5cm 时，及时采收。采摘时既不使培养料成块带起，又使菇柄完整，不留柄蒂。菇棚内温度较低时每天采收一次，较高时早晚各采收一次。采下鲜菇用小刀切去根蒂，分级、加工。

盐渍加工，将分选过的真姬菇放入开水中煮沸 3~5min，捞出放入冷水中冷却。菇体下沉后捞出（不下沉可再煮），放入缸或池中腌制。菇水比 1：1，保持盐度 20 波美度，经 15d 可出售。

第十三节　榆黄蘑栽培技术

一、概述

榆黄蘑（*Pleurotus citrinopdeatua* Sing）又名金顶侧耳、玉皇蘑、黄蘑、元蘑，属担子菌纲、伞菌目、侧耳科、侧耳属的一种木腐菌。因常见腐生于榆树枯枝上而得名，是我国北方杂木林中一种常见美味食用菌（图 5-17）。子实体成覆瓦状丛

图 5-17　榆黄蘑

生，菌盖基部下凹呈喇叭状，边缘平展或波浪状，为鲜黄色，老熟时近白色，直径 2~13cm，菌肉菌褶白色，褶长短不一，柄偏生，白色，长 1.5~11.5cm，粗 0.4~2.0cm。孢子印白色，孢子五色，光滑，（6.8~9.86）μm×（3.4~4.1）μm，遗传特性属异宗结合。

榆黄蘑是一种广温型食用菌，菌丝生长温度为 6~32℃，适宜温度 23~28℃，34℃时生长受抑制；子实体形成的温度范围为 16~30℃，适宜温度为 20~28℃；适宜空气相对湿度 85%~90%；适宜 pH 值 5~7，pH 值大于 7.5 或小于 4 时菌丝生长缓慢；子实体生长需光，光线弱时子实体色淡黄，室外栽培时子实体色鲜黄。代料栽培的基质含水量 60% 为适宜。

自榆黄蘑驯化栽培成功以来，已有季节性批量栽培，以鲜菇供应市场。市场也有干品销售。目前菌种筛选有所开展，栽培方法如平菇一样有多种方式。近年来的生化研究发现榆黄蘑的子实体含有较丰富的 β-葡聚糖，其具有良好的抗肿瘤和提高人体免疫功能的作用，受到食品、医药部门的重视，作为保健食品开发和作为别具风味的食品添加剂开发有所进行。干品近年有批量出口。

二、栽培技术

（一）培养料

用于榆黄蘑的培养料除杂木屑以外，黄豆秆、玉米秆、玉米芯等粉碎后均可用于栽培。对子实体的 β-葡聚糖含量有要求时，要进行特殊培养料的试验测定才能达到栽培效果。

（二）技术要点

1. 菌种生产

榆黄蘑菌丝生长速度较快，750ml 的菌种瓶接种后在 25℃条件下培养 25d 即可满瓶使用。菌袋培养 30d 左右，菌丝可满袋使用。

2. 培养料配方

（1）杂木屑 78%，麸皮 20%，糖和石膏各 1%，pH 值自然，含水量 60%。

（2）大豆秆粉或玉米芯粉或玉米秆粉 40%，杂木屑 35%，麸皮 16%，豆饼粉 4%，石膏 2%，石灰 3%，pH 值 6.0~6.5，含水量 60%。

（3）杂木屑 100kg，麸皮 20kg，豆饼粉 5kg，石膏 2kg，石灰 2kg，pH 值 6.0~6.5，含水量 60%。

3. 生产季节

根据榆黄蘑的菌丝生长和子实体发生的适宜温度要求，南方可安排春秋两季栽培，冬季若有适当保温措施亦可栽培。北方可安排在春末、夏季和初秋栽培。

4. 培养料制作与培养

（1）培养料熟料栽培。按配方中各原料比例称重，干拌 2~3 次后湿拌，调至含水量 60% 左右装袋、灭菌，冷却 30℃ 以下接种培养菌丝体。

（2）培养料发酵栽培。配方（2）、配方（3）可采用堆制发酵后进行床栽。按主、辅材料比例拌匀，分别在建堆后的第 4d、第 6d、第 8d、第 10d 和第 12d 进行 5 次翻堆，翻堆时调节水分、测试 pH 值。发酵好的培养料呈茶褐色，pH 值 6.0 左右，具有香味，后进床铺料播种。

5. 出菇管理

出菇场的环境卫生要符合食品原料栽培场所的条件。水质要符合饮用水标准，严禁向菇体直接喷洒农药，环境用药也遵循安全用药规则。

出菇场保持空气相对湿度 90% 左右，有较强的自然光。发现虫害时采用网纱窗门隔离或农药自然蒸发驱赶、灯光诱杀等方法防治。

6. 采收与加工

当菇盖生长未平展时采收，避免菌盖反卷过熟、色泽变淡时才采收。采收后根据产品质量要求加工，无论鲜销或制成干品，都要及时。因榆黄蘑子实体细长，烘烤时起始温度比香菇略低，从35℃开始，并在低温时保持时间长些。干品标准以色泽鲜黄，菇体完整，有特殊香味，含水量13%为宜。

第十四节 滑菇栽培技术

一、概述

滑菇（*Pholiota nameko*），又名光帽鳞伞，因其菌盖表面分泌蛋清状的黏液，食用时滑润可口而称之为滑菇或滑子蘑（图5-18）。我国东北1978年开始人工栽培滑菇，以某些针叶树和杂木的木屑进行箱式栽培为主，近来也发展用棉籽壳等原料进行栽培。

图5-18 滑菇

二、栽培技术

(一) 工艺流程

备料→配料→装箱→灭菌→播种→发菌→出菇管理→采收加工。

(二) 技术要点

1. 培养基配方

(1) 木屑 87%，麸皮（米糠）10%，玉米粉 2%，石膏 1%，料：水 = 1：(1.4~1.5)，pH 值自然。

(2) 棉籽壳 90%，麸皮 10%，料：水 = 1：(1.4~1.5)，pH 值自然。

(3) 木屑 70%，米糠 30%，水适量，pH 值自然。

2. 配料装箱（袋）和灭菌

根据滑菇喜湿的特性，配料时含水量应高于其他食用菌培养基的含水量，可高达 75%。箱栽时用木箱、塑料筐、柳条筐等为栽培箱，内垫农用塑料薄膜（箱大小为 60cm×35cm×10cm），把拌好的培养料倒入箱内，拍平压实，用塑料薄膜盖紧，经 $1.47×10^5$Pa、126℃高压蒸汽灭菌 1.5h。

3. 人工接种

灭菌后冷却至 30℃ 以下即可接种。接种时在无菌室内先把塑料薄膜揭开，按（3~4）cm×（3~4）cm 规格穴播菌种。穴深 2cm。然后在料面撒上一层菌种，每瓶菌种接种 2 箱。接种后把塑料薄膜盖严，培养箱在培养室内按品字形堆叠，培养菌丝。

在冬季寒冷低温的情况下，也可将配制好的培养料整袋灭菌，然后把培养料趁热倒入预先消毒好的内垫塑料薄膜的箱内，拍平压实，冷却 30℃ 以下接种。

4. 发菌管理

接种后，先控制室温 10~15℃，让菌丝长满料面，再提高温度（22~23℃）继续培养，约经 2 个月菌丝长满厚度 5~6cm 的培养料。在冬季自然条件下培养时，要经 3~4 个月菌丝才能长满培养料。夏季高温时加强通风，经常喷水散热降温，防止高温导致菌丝死亡。

5. 出菇管理

菌丝长满培养料后料面形成一层橙红色菌膜，这时培养料因菌丝生长而连结成块（菌砖），此时可将菌砖倒出，放在预先备好的栽培架上，掀开塑膜，用刀将橙红色菌膜划成 2cm× 2cm 的格子，然后喷水保持空气相对湿度 90%，调温 15℃ 左右，适当通风，并保持栽培室内有一定散射光，以促进子实体的形成。

6. 采收加工

当子实体的菌盖长至 3~5cm，菌膜未开，质地鲜嫩时，即可以采收。以菌盖不开伞、色泽自然、菇体鲜嫩、坚挺完整，菌柄基部干净、无杂质、无虫蛀为上品；半开伞为次品；菌盖全开、子实体老化、菇体变轻为等外菇。

采收后的滑菇置于阴凉湿润处保存。5℃ 条件下可保存 1 周以上。

采收第 1 批滑菇后，去除菌根、菌丝，恢复 10d 左右，继续水分和温差管理，又可以出菇，总共可以产 3~4 批菇。

第十五节 黄伞栽培技术

一、概述

黄伞［*Pholiota adiposa*（Fr.）Quel］，又名黄蘑、柳蘑、黄柳菇、多脂鳞伞，是分布广泛的好氧性木腐食用菌，可导致木材杂斑状褐色腐朽（图 5-19）。黄伞子实体中等大小，边缘

图 5-19 黄伞

常内卷，后渐平展，淡黄色、污黄色至黄褐色，很黏，有褐色近平伏鳞片，中央较密，菌肉白色或淡黄色。菌褶黄色至锈褐色，直生或近弯生，稍密不等长。菌柄长 5~15cm，粗 0.5~3cm，圆柱形，与盖同色，有褐色反卷鳞片，黏或较黏，下部常弯曲，纤维质，内实。菌环淡黄色，膜质，生于菌柄之上部。菌丝分解能力强，农林下脚料均可作为培养基进行栽培。目前该品种还处于引种驯化之中，少数地方可形成批量生产规模。基本生物学特性是菌丝生长温度范围 12~27℃，适宜温度

20～25℃，以25℃生长最快，低于5℃，高于35℃，菌丝停止生长，色泽变褐；子实体原基形成的温度范围13～25℃，最适15～18℃；菌丝适宜生长pH值为5～8，最适pH值6～7；培养基适宜湿度65%，出菇适宜相对湿度85%～90%。黄伞是绝对需光菌类，菌丝生长可不需光线，出菇是绝对需光，适宜强度300～1 500lx。

二、栽培技术

（一）工艺流程

生产季节安排→安全备料→拌料→装袋→灭菌→冷却→接种→菌丝培养→菌包排架→出菇管理→采收。

（二）技术要点

1. 生产季节安排

黄伞的出菇温度范围与双胞蘑菇相仿，南北方的栽培季节可根据其出菇温度和各地气温情况进行具体安排。就福建省而言，春季栽培可安排在2—5月，秋季栽培可安排在8—11月。

2. 配方

（1）杂木屑75%，麸皮20%，玉米粉3%，碳酸钙2%，含水量65%，pH值自然。

（2）杂木屑65%，棉籽壳15%，麸皮15%，玉米粉3%，碳酸钙2%，含水量65%，pH值自然。

（3）杂木屑55%，麸皮20%，玉米芯20%，玉米粉3%，碳酸钙2%，含水量65%，pH值自然。

3. 制袋

常压灭菌制袋使用17cm×（36～28）cm规格的高密度低压聚乙烯袋，高压灭菌使用相同规格的聚丙烯袋。按配方拌料均匀，含水量适宜，装袋时上下松紧均匀，每袋湿重 1.3 ~ 1.5kg，干料重 400~450g。

4. 菌丝培养

在适温（20~25℃）条件下，避光和适量通气培养，通常 40~50d 菌丝可长满袋。

5. 出菇管理

菌袋长满菌丝后处于 13~18℃ 环境中，保持环境相对湿度 85%~90%，7d 可出现原基。大量原基出现后，菇蕾长至 2cm 左右，采用湿度与通气相结合的方法控制表面原基数量在 15 个左右，正常管理 10d，子实体符合市场要求时即可采收。

出菇管理过程中，当大量子实体产生时，耗氧量大量增加，应注意保持空间湿度和适量通风换气。

6. 采收

当子实体菌盖长至 4~6cm，边缘尚内卷，柄长 10~15cm，色泽金黄，菌褶灰白，孢子未弹射时即可采收。第一潮菇采收后，停水 7~10d，即可进入第二潮菇的出菇管理，重复第一潮菇的水、光、气的管理，再过 10d 即可采收第二潮菇，通常每季栽培可采收 3~4 潮菇，每袋鲜菇产量可达 300~350g。

黄伞子实体可鲜销或干制，保鲜加工和烘干加工如香菇。

第十六节　蜜环菌栽培技术

一、概述

蜜环菌 ［*Armillariella mellea*（Vahl ex Fr.）Quel］ 属白蘑科、蜜环菌属，是著名的食用和药用真菌，也是危害木材根腐病的病原菌和天麻人工栽培的伴生菌（图 5-20）。夏秋子实体

图 5-20 蜜环菌

多丛生于老树桩和死树基部，菇体高 10～15cm，淡黄色，菌盖卵圆形，直径 4～9cm，盖中间有暗褐色鳞片，四周有放射状条纹，菌褶贴生或延生，白色或微白色，菌柄纤维质，上部有菌环。蜜环菌也是一种发光真菌，在 10～30℃的条件下均可发光，幼嫩的菌丝白色、绒毛状，能发出冷萤光，菌丝网状交织成菌索，颜色逐渐加深成褐色，老菌索从红褐色逐渐加深为黑褐色，不发光。蜜环菌分布广泛，我国各地均有分布。蜜环菌的寄主植物有 600 多种。丛灌木到乔木至草本植物均可寄生种类。

蜜环菌发酵菌丝体和固体培养菌丝体均可入药。蜜环菌菌丝发酵和固体培养已有成熟生产工艺，发酵或固体培养生产真菌药剂是当前我国主要生产方式。

二、栽培技术

（一）工艺流程

1. 菌丝发酵深层培养工艺流程

安全备料与培养基制作→试管种培养→500ml 摇瓶种子培养（发酵一级种）→5 000ml 摇瓶种子培养（发酵二级种）→

0.5t 种子罐培养（发酵三级种）→发酵罐培养→过滤与压榨→检验→（1）菌丝体烘烤压片→（2）液体浓缩成糖浆→检验出厂。

2. 固体培养生产工艺

安全备料与培养基制作→试管菌种培养→一级种→二级种→固体培养基制作→接种→培养→培养物掏出→烘干磨粉→过筛→压片→检验出厂。

（二）技术要点

1. 菌丝深层发酵

（1）菌种。采用经分离筛选，并经菌丝生长速度测试和发酵培养检验的菌株。

（2）培养基。

①出发菌株培养基：PDA（马铃薯、琼脂、葡萄糖）培养基。

②一、二级种摇瓶液体培养基：200g 去皮马铃薯切片、煮熟、过滤，加葡萄糖 20g、磷酸二氢钾 1.5g、硫酸镁 0.75g、蛹蚕粉 5g、维生素压 10mg，补水至 1 000ml，pH 值自然。

③发酵罐培养基：按重量比：蔗糖 2%、葡萄糖 1%，豆饼粉 1%、蚕蛹粉 1%、硫酸镁 0.075%，磷酸二氢钾 0.15%，pH 值自然，加水至所需用量。

（3）接种及接种量。一支试管接种一瓶摇床种子瓶，一级种按二级种培养基的 10% 接种量接入，二级种按发酵罐所需培养液总量的 5%~10% 接入。

（4）振荡培养和发酵条件控制。出发菌株采用试管 PDA 斜面培养基接种，在 24℃ 条件培养；一级种采用三角瓶在旋转式摇床上震荡培养 120~148h，室温 24~26℃，偏心距 4~6cm，转速 240r/min；二级种在往返式摇床上培养 72~96h，室温 26~28℃，往返冲程 7cm，转速 90 次/min。种子罐培养 40L 罐，注入 20L 培养液，接种后 26~28℃培养 96~120h，搅拌速度 200r/min，通气量 1∶（0.3~0.5）。200L 以上的发酵罐，投料达容积的 60%~70%，接种后培养 168~172h，搅拌速度 190r/min。

（5）发酵物的处理。培养结束后，121℃灭菌 30min，放出培养液过滤，过滤液制糖菜，滤渣烘干制片剂。

2. 固体培养

（1）菌种。采用经分离筛选，并经菌丝生长速度测试和专用菇体培养检验的菌株。

（2）培养基。斜面培养基：麸皮 50g，加水 1 000ml 煮沸 20min，过滤，滤液调至 1 000ml，加入 20g 葡萄糖、20g 琼脂，煮溶琼脂，分装试管，灭菌制成斜面备用。

种子培养基：麸皮 50g，加水 1 000ml 煮沸 20min，过滤，滤液调至 1 000ml，加入 20g 葡萄糖、20g 琼脂，磷酸二氢钾 1.5g，硫酸镁 0.75g，分装于 500ml 三角瓶中，每瓶 100ml，然后每一三角瓶加入 0.5g 蚕蛹粉，灭菌备用。

固体培养基：每 750ml 菌种瓶加入 20g 玉米粉、10g 麦皮，注入水 80ml，摇匀，高压灭菌备用。

（3）培养条件控制。斜面试管接种后，置于 25~26℃条件下培养 15~20d，菌种可置 4℃冰箱保存。接种后的一级种子瓶置于 25~26℃条件下培养 5~6d；二级种子瓶按 10%接种量接种后，培养条件同一级种。栽培瓶每瓶接种 10~20ml 菌种量，培养 8~10d，菌丝布满菌瓶表面；15~20d 菌丝长满培养基，菌丝出现发光现象；25~30d，菌丝老熟，进入加工。

（4）培养物的处理。取出菌瓶内培养物，70~80℃条件下烘干，研磨成粉，20 目过筛，制片剂。

第十七节　长根菇栽培

一、概述

长根菇（*Oudemansiella radicata*），又名长根奥德菇、长根金钱菌，属伞菌目、白蘑科、金钱菌属（图 5-21）。常于夏秋

图 5-21　长根菇

间单朵散生，极罕三五成群生于林中腐殖质地面。长根菇系腐生真菌，其子实体细嫩爽口、气味浓香、味道鲜美，发酵液对小白鼠肉瘤 180 有抑制作用。在国际市场上，长根菇是很受欢迎的食用菌之一。它具有栽培原料来源广泛、栽培技术较简便、生产周期短等特点，是一种有开发前景的食用菌。

二、栽培技术

（一）工艺流程

备料→装袋→灭菌→接种→菌丝培养→覆土→出菇管理→采收。

（二）技术要点

1. 菌种制作

母种和栽培种配方为木屑或棉籽壳79%，麸皮15%，玉米粉5%，石膏粉1%，含水量65%~70%，pH值5~7。按以上配方常规配制，装瓶、灭菌、接种，于20~25℃培养30d，菌丝可长满瓶或长满17cm×34cm菌袋（装干料0.25kg）。二级种用菌瓶，菌龄不超过40d；三级种可用瓶或袋，菌龄不超过35d。

2. 栽培季节

子实体发生与发育的温度范围10~23℃。该菇生长期短，在北方7—9月栽培为宜，南方海拔500m以上地区7~11月可栽培。

3. 搭盖菇棚

选择土壤透气性好、具有腐殖层和靠近水源的地方，参照香菇阴棚方法搭盖，遮阳度为"八分阴，二分阳"。

4. 栽培袋的制作与培养

栽培原料广泛，木屑、棉籽壳、花生壳、玉米秸、豆秆、蔗渣等均可。常用配方：

（1）木屑88%，麸皮10%，石膏粉2%。

（2）棉籽壳88%，豆秆粉10%，石膏粉2%。

（3）木屑45%，棉籽壳45%，麸皮8%，石膏粉2%。

以上配方含水量调至65%~70%，以（17~20）cm×45cm规格袋装袋灭菌，打穴接种，以"井"字形排放培养30d。注意通风，当培养袋表层形成粉红色，菌丝密集形成白色束状即可脱袋排放于阴棚内畦床上出菇。

5. 出菇管理

菌袋上方覆盖1~1.5cm厚的沙壤土，畦床上搭拱形塑料薄膜棚，每天通风 2~3 次，早晚各喷一次水，阴雨天少喷。经 15d 左右子实体逐渐形成，这时每天喷水一次。在采完第一潮菇后，去除残留菇根；覆盖薄膜，逐渐加大喷水量，每天喷 3~4 次，通风 3~4 次。经 10d 后可采第二潮菇。

6. 采收

长根菇目前主要外销。采收前 2~3d 停止喷水，以增加菇体制性，减少破损。菌盖长至 3.5~4.5cm 时采收。采收时动作敏捷以减少带上培养基。采收后切根分级，鲜菇柄长为 2~4cm，可鲜销或脱水加工。

第十八节 银耳栽培技术

一、概述

银耳（*Tremella fciformis*），又名白木耳，是我国传统的名贵食用菌和药用菌（图 5-22）。具有强精补肾，滋阴润肺，生津止咳，补气和血等功效。银耳多糖具有提高人体免疫功能的作用。我国传统出口银耳有四川通江银耳和福建漳州雪耳。

图 5-22 银耳

二、栽培技术

（一）工艺流程

1. 段木栽培工艺流程

伐木备料→抽水→截段→打穴接种→发菌→出耳管理→采收加工。

2. 代料栽培工艺流程

备料→拌料装袋（瓶）→灭菌→接种→菌丝培养→出耳管理→采收加工。

（二）技术要点

1. 段木栽培技术要点

（1）菌种。选择试管种菌丝生命力强，生长速度快，不易出现酵母状分生孢子的纯白菌丝，同生长速度快，爬壁能力强的羽毛状香灰菌丝混合后，在二级种的菌瓶中灰黑斑点相间均匀，可出耳，耳基较大，耳片开展，洁白。栽培种表面出现许多白毛团集生点，培养20余天后有许多不规则的银耳原基者，为可用菌种。

（2）段木准备。选择木质结构疏松的阔叶树，如梧桐、油桐、山乌桕、拟赤杨、枫树、法国梧桐、鹅掌楸等，于冬季（出芽前）砍伐。原木伐后含水量常在45%～55%，需进行（抽水）原木干燥，带枝叶抽水到含水量40%左右，即可截成1～1.2m长的段木，并在两端截口上涂刷5%石灰水就可接种。

（3）接种。用打穴器打穴接种，随打随接，穴距3～5cm，行距2～3cm。注意菌种中纯白菌丛和羽毛状菌丝混合均匀，用接种器接入并用树皮盖或石蜡封口。

（4）发菌。接种后耳木堆叠成柴片式（顺码式），并用塑料薄膜覆盖保温于 22℃左右，促进菌丝萌发定植和发菌。

（5）出耳管理。本阶段要求对耳木进行全面清理，按品种和接种期及成熟度分开，以便成批出耳。这时应根据气候条件掌握好温度、湿度、通气三者关系。在 20~28℃温度下均可正常出耳，而气温高时水分蒸发量大，要求多喷水，以助散热和补充水分，但高温高湿容易招来杂菌滋生，必须适当通风，让耳木表面干爽。水分过多，容易产生流耳和发生线虫等虫害，造成耳基腐烂等现象。在白毛团扭结、原基分化、耳芽产生和耳片展开阶段，应当勤喷、细喷、均匀喷，每次喷水量以不过分流失为原则。

（6）采收。耳片充分展开时，用竹片或不锈钢刀，从耳基割下，并将残留耳基去除干净，以利于再生银耳。

2. 代料栽培技术要点

（1）菌种。选择早熟而易开片的菌种进行代料栽培。作为代料栽培的菌种，通常在试管中 12d 即可见耳芽产生，瓶子中 15d 左右即有耳片产生，其他同段木栽培部分的菌种要求。

（2）拌料装袋。栽培银耳常用塑料袋规格为 12cm×50cm，菌种含水量 58%左右，略偏干，料水比为 1∶（1.0~1.1）。因为银耳菌丝较耐干燥，适宜偏干环境，且偏干的培养基不利杂菌滋生，有利提高接种成功率。

制菌袋时，先将塑料筒一端用线扎牢，在火焰上熔封，从另一端装料，约装 45cm 长度的培养料，稍压实后，袋口用线绳或塑料带双道扎紧，然后将料筒稍压扁，在其上等距离打 3~5 穴，穴深 1.5cm、直径 1.2cm、贴上 3.5cm×3.5cm 专用或医用胶布，也可以灭菌后再打穴，接种后贴胶布。

（3）灭菌。用常压灶灭菌时，把料筒作井字形排列，保温 100℃，6~8h；高压（$1.47×10^5$ Pa，126℃）灭菌 1.5h，灭菌结束后，将料筒搬到冷却室，冷却后接种。

（4）接种。同香菇代料栽培接种工序一样操作。

（5）菌袋发菌管理。接种后的菌袋放入菌丝培养或栽培室，前3d温度控制在26~28℃、相对湿度55%~65%，3d后将温度调控在24℃左右，适时通风，喷水保湿。

（6）采收加工。银耳采收必须掌握子实体的成熟度，成熟即采。采收过早影响产量，采收太晚，容易烂耳。一般掌握在耳片完全展开，色白，半透明，柔软而有弹性时，不论朵子大小均要采收。采收时，可用刀片从料面将整朵银耳割下，清水漂洗后，单层摆放在晒席或筛子上，暴晒1~2d即已干燥。在日晒过程中，可轻轻翻动几次，使其均匀干燥，在晒至半干时，结合翻耳，修剪耳根。

第十九节　灰树花栽培技术

一、概述

灰树花［Grifola frondosa（Fr.）S.F.Gray］，又名贝叶多孔菌、千佛菌、莲花菇，日本称为舞茸。野生灰树花常生长于秋季的栎、栲及其他阔叶树的树干和树桩上，尤其以板栗树林中更为多见，所以又称栗子蘑（图5-23）。隶属于层菌纲、多孔

图5-23　灰树花

菌科、树花属。

灰树花是一种食、药用菌，人工栽培最早、规模最大是日本，近年来年产鲜品灰树花达万吨以上，还批量从中国进口干品。我国该品种人工栽培起步较晚，多年来一直处于小规模的批量栽培。深加工方面的工作国内还很少开展，目前仅有粗多糖提取加工。

灰树花子实体肉质柔嫩，味如鸡丝，脆似玉兰，具有野生松茸的芳香，是火锅料理的上品。鲜嫩的灰树花子实体营养丰富，含有 18 种氨基酸和多种维生素。尤其所含的灰树花多糖体和 β-葡聚糖等抗肿瘤活性物质具有比香菇多糖、云芝多糖更强的抗癌能力，能更有效地激活人体内 T 细胞，是极好的免疫调节剂。在药理作用上，具有与猪苓相同的功效，可治小便不利、水肿、脚气、肝硬化腹水及糖尿病等，是一种疗效显著的天然药用菌。

二、栽培技术

1. 生产工艺流程

备料→拌料→装袋→灭菌→冷却→接种→菌丝培养———→出菇管理→
　　　　　　　　　　　　　　　　　　　　　　 覆土、埋土
采收加工。

采用以上工艺流程是无覆土栽培。目前有的在培菌后采取袋面覆土或整袋埋土的方法出菇，其他各工艺流程相同。

2. 生产季节安排

根据灰树花的子实体发生温度要求，我国南方一年可两季栽培，春季安排在 3~5 月出菇，秋冬安排在 10~12 月出菇。在每季期间，可多批生产。采用 17cm×35cm 菌袋，接种后的菌丝培养期在 60d 左右，若采用口径更大的菌袋，菌丝培养期需更长，相应出菇的时期也会长些。季节安排应以出菇温度为基准，相应安排制袋、制种的时间。制袋、制种时的气温不适，应采用温控手段培养。

3. 菌种生产

（1）培养基配方。杂木屑 78%，麸皮 20%，糖 1%，碳酸钙或石膏 1%，含水量 60%，pH 值自然。

（2）容器。二级种用 750ml 菌种瓶，三级种可用菌瓶或 15cm×30cm 菌袋。

（3）拌料装瓶、装袋。按配方拌料，含水量 60% 左右。菌瓶将料装至瓶肩，菌袋料高 10cm 左右。二级种不可在料中心打穴，三级种可打穴。菌袋需有套环和棉塞。

（4）灭菌。二级种要求高压灭菌，$1.47×10^5$Pa，126℃ 保持 2h。常压灭菌当灭菌灶温度达 100℃ 时，保持 10~12h。

（5）接种。当冷却至 30℃ 以下时，进入接种箱接种。

（6）培养。二级种培养时间 30~35d，三级种 25~30d。培养期间应勤检查，任何有污染和生长不正常的菌种均应弃除。

4. 熟料袋栽

（1）生产配方。

①杂木屑 80%，麸皮 10%，玉米粉 3%，山地表土 7%，含水量 60%，pH 值自然。

②杂木屑 30%，棉籽壳 30%，麸皮 10%，玉米粉 8%，红糖 1%，石膏或碳酸钙 1%，细土 20%，pH 值 5.0~6.5，含水量 60%。

（2）菌袋制作与培养。按配方称取各原料重量，先干拌后湿拌，按 1:（1.2~1.3）的比例加入水拌匀，用 17cm×35cm 菌袋装料。装料后套上套环，塞棉塞。采用高压灭菌时，菌袋需用聚丙烯袋。灭菌、冷却、接种均按常规技术规范进行。

在接种箱或接种室内接种，置24℃左右温度下培养，30d左右菌丝满袋。

（3）直接出菇管理。在适宜的出菇季节里，菌袋经30~40d菌丝培养，即可进入出菇管理。出菇场所可在原菌丝培养的室内，也可在室外阴棚里。无论室内还是室外，可在层架上直立出菇，也可横卧墙式排放由一端出菇。无论是菌瓶还是菌袋，均可墙式横卧堆放。室外阴棚遮阳度控制在60%~70%。

当菌袋进入出菇场时，菌袋若是直立放置层架上，即可去除棉塞和套环，并把袋口拉直，在拉直的袋口上覆盖报纸，可向纸上喷水保湿，空间保持相对湿度90%左右。以墙式卧袋排放菌袋时，先保持出菇场空间相对湿度90% 5~10d，培养料表面出现蜂窝状原基，分泌黄色水珠，表面菌苔开始转色时，去除棉塞和套环。如果空间湿度不足，应在层架四周和墙式堆形外加盖保湿塑料膜，当蜂窝状的原基长成珊瑚状子实体时，再将塑料膜掀去。保持较高空气相对湿度，直至子实体成熟。

（4）覆土出菇管理。

①袋内覆土出菇管理。当菌袋长满菌丝后，移入出菇场时，直接去除棉塞和套环，拉直塑料袋口，在袋内覆盖2cm厚的腐殖土，保持土层含水量22%左右，直至出菇。

②菌袋埋土出菇管理。采用菌袋埋土出菇管理时，应在室外阴棚里翻土整畦，土层翻深20cm左右，畦宽1.2m，畦间通道30cm。菌袋去除棉塞和套环后，把袋口剪至培养料齐平，在畦面上开有宽20cm的横沟，把菌袋侧面和底部各横竖划破两条直线后，竖直排入畦面的横沟中，菌袋间相隔5cm，然后四周和顶部覆土，表土层厚2~3cm，喷水保湿，直至子实体

产生。

长满菌丝的菌袋覆土后一般 20d 左右可长出子实体。子实体依气温的高低，成熟的速度不同，通常在原基产生后 10～15d 即可采收。

（5）采收保鲜。当灰树花子实体扇形菌盖周边无白边，边缘变薄，菌盖平展，色泽呈灰黑色或灰色，成丛子实体似莲花时，即可采收。若单片的菌盖伸张至下弯，有大量担孢子散发时，即为过熟。

采收前 1～2d 停止喷水。采收时，用手掌托住成丛子实体基部，两指间夹住基蒂，用手掌力气，边旋转边托起，使整丛子实体完整摘下，立即剪去根蒂，成丛排入卫生的筐中。覆土栽培生长的子实体，要避免泥沙混入子实体叶片中。过长的蒂头应剪去，细心挑拣子实体上的异物，保证子实体干净、无杂质。在加工前，根据市场需求，或成丛加工，或分剪为小丛再加工。

保鲜加工工艺流程：

原料采收或收购→子实体分拣→清洗→初分级→预冷排湿→分级包装→冷藏运输或出售。

原料收购中应当注意产品的质量，其中包括朵形大小、色泽深浅、菌柄长短、菌盖厚薄；在分拣中包括分成大小不同的小丛，子实体叶片之间应清理干净一切杂物，如泥沙、草芥等；为了防止灰尘，快速用饮用水冲洗一次，立即摊开按不同等级进入预冷排湿或晾晒排湿，使鲜菇子实体的含水量在75%～80%。预冷 24h 后，按商品要求分级包装，在冷库中冷藏或冷藏车外运销售。4℃ 条件下，子实体保鲜 10～15d 不变色，色香俱好。

第二十节　竹荪栽培技术

一、概述

竹荪属鬼笔菌目、鬼笔菌科、竹荪属，又称竹参、竹鸡蛋、面纱菌等（图5-24）。其色彩绚丽、体态优雅，钟形菌盖之下生有轻巧细致的菌幕，飘垂如裙，故有"真菌之花""菌中皇后"之美誉。竹荪酥脆适口，香味浓郁，别具风味。

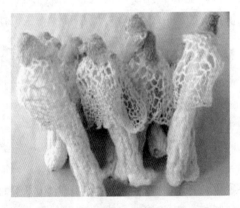

图 5-24　竹荪

据民间传说，竹荪有似人参的补益功用，有治疗肥胖症的作用等。现在我国规模栽培的品种主要有长裙竹荪（*Dityophora indusiata*）、短裙竹荪（*D. duplicata*）、红托竹荪（*D.rubrozvolvata*）和棘托竹荪（*D.echino-uolvata*）。不同产地（如四川和福建）的长裙竹荪有相当大的差异。目前在我国，棘托竹荪栽培面积最广，它具有栽培原料来源广、技术简单、生长周期较短、产量高的特点。而红托竹荪栽培相对较难，但产品的商品价值比棘托竹荪高出数倍。

二、栽培技术

（一）工艺流程

纯种分离→菌种制作
备料→装厢或做畦
}→接种→发菌管理→出荪与采收。

（二）技术要点

1. 纯种分离

取卵形竹荪菌蕾一只，经表面消毒后切取中部菌肉一小块，移植到 PDA 培养基或添加蛋白胨的加富 PDA 培养基（马铃薯 200g、葡萄糖 10g、蛋白胨 10g、琼脂 20g、水 1 000ml）上。红托竹荪置 15℃条件下培养 25~30d；长裙（棘托）竹荪置 22~25℃条件下培养 10~15d，白色菌丝即可长满斜面。

2. 菌种制作与质量鉴别

（1）母种及栽培种的制作。

①碎竹菌种。将边长 2cm 的方形竹块用 2% 的糖水浸泡 24h 后装瓶，并加入 2% 的糖水至瓶高的 1/5 处，塞棉塞，灭菌冷却后接种培养。

②碎竹、枯枝、腐殖土菌种。按碎竹 60%、枯枝 20%、腐殖土 20% 的比例称量混匀，加水调至含水量 60%，然后装瓶、灭菌，冷却后接种，培养。

③碎竹、木屑、米糠菌种。将 3 种原料等量混合拌匀，加清水调至含水量 60%。然后装瓶、灭菌，冷却后接种，保温（15~22℃）培养。

④木屑 70%，竹叶 5%，松针 5%，麸皮 18%，糖 1%，石膏粉 1%，调水拌匀，含水量 60%，然后装瓶（袋）灭菌，冷却后接种培养。

（2）菌种质量鉴别。竹荪菌丝体初期呈白色，成熟的菌种都有一定的色素，长裙竹荪菌丝体多为粉红色，间有紫色；短裙竹荪的菌丝体为紫色。红托竹荪菌种表面带紫红色，其他部位菌丝白色。生长良好的竹荪菌丝粗壮，呈束状，气生菌丝浓密，呈浅褐色。老化的菌种气生菌丝消失，自溶后产生黄水。竹荪菌种培养时间因品种而异，棘托竹荪于22~25℃培养1个月左右满瓶（袋）；红托竹荪于15~25℃培养60~80d满瓶（袋）。

3. 栽培技术要点

（1）棘托竹荪的室外畦栽。

①栽培季节。一年四季均可栽培，以春季最佳，一般2~4月播种，5月开始出菇，当年栽培当年收获；夏季栽培增设阴棚收效较快，从播种到收获65~70d；早秋栽培当年可收一潮菇，经越冬管理后次年产量较高；冬季地表温度在5℃以上仍可栽培，辅以防冻、保温措施，翌年可收3~4潮菇。

②培养料选择及处理。培养料常用各种竹类的根、枝、叶和竹器厂、木器厂的下脚料、芦苇、农副产品的下脚料，任选一种或几种混合使用均可。其他食用菌如香菇、平菇、木耳、金针菇等袋栽的污染料和收成后的废菌料也可作为补充材料进行栽培。

选用竹类、竹木屑为培养料，经建堆发酵后栽培效果好。简易发酵将新鲜竹类、木类下脚料粉碎成屑，加适量的水堆积压紧发酵1个月左右，其中10d左右翻堆一次。

③选场整畦。选择排水良好、近水源、无白蚁、富含腐殖质的疏松土壤、遮阴度在80%以上的林地为场。非林地或遮阴度不足的场所需构筑阴棚。可在畦床上直接搭盖30~40cm高的阴棚或畦床四周套种大豆、玉米遮阴。

播种前松土，整成宽 1.2~1.4m、深 15cm，长度不限的畦床。畦间和四周撒石灰或用灭蚁灵消毒。

④铺料播种。选用玉米秸、棉秆、蔗渣、谷壳等农作物秸秆作为培养料的，需先经暴晒、碾碾压碎，浸水吸透，捞起沥干即可用。用 3%~5% 的茶籽饼粉或其煮出液拌料有防治虫害效果。

铺料总厚度 25~30cm，原则是粗硬料在下，增加透气透水性，细料在上，共可铺二层，一层料一层困种。最上层撒 2cm 厚细料，稍压实，然后覆土 3~5cm，土层上再盖 5~6cm 稻草、芒箕等。每平方米用料量 20~25kg，用种量 3~4 瓶。立春前播种的需有薄膜保温保湿，气温回升后揭膜。以大豆株为遮阴的畦床宽 50~70cm，按株距 10~15cm 在畦旁穴播大豆。

⑤发菌管理。播种做好保温保湿，旱时适喷，雨时排水，保持土壤湿润。以覆盖物的增减和薄膜的揭盖调控畦床温度在 20~30℃、相对空气湿度 65%~75%。在菌蛋形成前，做好除杂草和防治蚁螨工作。

⑥出菇管理。播种后作物秸秆类经 30d、竹木类经 2~3 个月养菌即可菌索破土而出形成菌蕾。此时，去掉床面覆膜和草被，改直接覆膜为拱形，调控气温 20~24℃，可以畦沟储水和畦面喷水提高菌床空气湿度至 85%。经 20~25d，子实体破蕾而出，此阶段提高空气相对湿度至 95%。从菌蕾破裂至菌裙完全展开 4~6h，当菌裙达到最大张开度时及时采收。

出菇后若发现虫害、白蚁可用 1 份灭蚁灵加 15~20 份蔗渣混匀为毒饵，用纸包成小包埋入 5~10cm 畦中诱杀；蛞蝓于清晨或夜间人工捕捉。

⑦采收。用利刀从菌托部位切断菌索，剥离菌盖和菌托，置于涂有食用油的网筛上烘晒，干后按柄粗细、长短分级包装。注意保持菌柄色泽洁白和菌裙完整。

（2）红托竹荪栽培。

①室外畦栽。方法与棘托竹荪基本相同。值得注意：一是红托竹荪好气、喜肥、喜阴、怕强光，因此栽培场所应选择略有坡度的土质疏松和日照短、湿度较大的地方；二是菌丝生长缓慢，栽培周期较长，要求培养料为半腐性，每公顷用料37 500kg，菌种小块点播，初秋播种，翌年2—3月开始出菇。

②室内箱栽。先在箱底铺5cm厚的微酸性肥土，再将竹丝、竹鞭、竹根等平铺于肥土上，然后摆放一层菌种。用种量为1瓶/m²，上盖5cm厚的微酸性肥土，浇透水，置20~25℃下培养，保持覆土湿润，经4~5个月菌丝成熟，随后出现菌蕾（竹荪球）。此时应将室内空气相对湿度调至85%以上。菌蕾出土30d左右，当空气相对湿度达95%左右时，菌裙充分张开，此时即应采收。

③室外熟料袋栽。该方法产量高，效益好，是目前红托竹荪较为成功的栽培方法。每袋0.5kg干料，可产干品6g以上，按现行市价，投入产出比为1：（8~10）。是生料畦栽的4~6倍。生料畦栽由于菌丝生长缓慢，导致生产周期长，可达3年之久，因而杂菌多，花工多，原料浪费较严重。熟料栽培成本低，成功率高，培养条件易控制，受季节影响小，生产周期可缩短为8~9个月，且产量较稳定。技术如下。

菌袋制作与培养：选用15cm×33cm塑料袋，制作菌袋培养，方法同栽培种。培养50~70d菌丝可长满袋。

进棚脱袋排畦：菌丝满袋后搬入棚内，脱去塑料袋，将柱状菌丝筒排放畦面，间隔5cm，间隙和筒面覆土，每平方米排放20~30袋，覆土后盖塑料膜，膜四周用泥土压紧，一周后即有菌丝爬上土面，此时掀膜通气，改直接覆盖为拱形覆盖。菌丝遇到空气很快转色形成菌索，紧接在适宜温、湿度下形成菌蕾出菇。也有人脱袋时，把菌丝筒纵切为两半，畦底铺些生料，将切面朝下贴料，边脱袋边切开边下种，周边撒些细料，随即覆土。其他管理和采收方法同畦栽。

第二十一节 猴头菌栽培技术

一、概述

猴头菌（*Hericium erinaceus*）是一种兼有食用和药用价值的名贵食用菌（图 5-25）。其味道鲜美，清香可口，素有"山珍猴头、海味燕窝"之称。猴头菌人工栽培主要以代料袋栽或瓶栽形式进行。子实体常用作罐头加工和药物加工原料。

图 5-25 猴头菌

二、栽培技术

（一）工艺流程

1. 袋（瓶）栽工艺流程

备料→培养基配制→装袋（瓶）→灭菌→冷却接种→培养→出菇管理→采收。

2. 发酵生产工艺流程

$$试管培养 \to 一级种子瓶 \to \left(\frac{装料100ml}{500ml\ 三角瓶}\right)摇瓶培养$$

$$\xrightarrow[\text{往复式}90r/min,\ \text{旋转式}300r/min]{24\sim26℃,\ 4\sim5d,\ \text{接种量}10\%}二级种子瓶（装料\ 1\ 000\ ml/$$

$$5\ 000ml瓶）培养 \to 三级种子罐 \xrightarrow[\text{通气量}1:（0.3\sim0.5），2\sim3d]{\text{投料}25L/50L\ 罐}培$$

$$养 \to 发酵罐培养 \xrightarrow[\text{pH值降至}4.5，\text{残糖}0.2\%]{\text{投料}100L/200L\ 罐}过滤 \to$$

$$\left(\begin{array}{l}菌丝体\to烘干粉碎\\滤液\to浓缩\end{array}\right)\to猴头菌片、猴头浸膏。$$

（二）子实体栽培技术要点

1. 培养基配方

（1）甘蔗渣78%，麸皮20%，糖1%，石膏1%。

（2）杂木屑78%，麸皮或米糠20%，糖1%，石膏1%。

（3）棉籽壳90%，麸皮8%，糖2%。

栽培猴头菌的原料除上述甘蔗渣、杂木屑和棉籽壳外，还有稻草、麦秸、玉米芯、废纸等均可栽培。

2. 培养基制作与培养

猴头培养基制作方法，同其他食用菌培养基制作方法相似。先将各种原料混合均匀（含水量55%~60%），然后装瓶（袋）。特别注意pH值一定偏酸性，因为pH值达7.5时猴头菌不能生长。装瓶时可装到瓶肩，以便子实体顺利长出。菌袋可大可小，大袋多开穴，小袋少开穴。进行灭菌时注意不让棉塞受潮。冷却30℃以下接种，接种时同香菇代料栽培一样注意防污染。培养室温度控制在22℃左右，湿度70%~75%，培养30d左右即可转入出菇管理。

3. 出菇管理

当菌丝长满菌袋（瓶）后，拔去菌瓶棉塞；菌袋依袋子大小确定开口数量，直径17cm开口3~4个，口径1cm；直径12cm开口2~3个，口径1cm。小口径菌袋亦可平放堆叠成行，让子实体由两端长出。菌瓶可以卧放堆叠1m高左右，由侧向长出子实体。这样可提高菇房利用率。当菌袋（瓶）内出现芽状原基时，增大通气量，降低温度（18~20℃），提高栽培房湿度（85%~90%），直到采收。

4. 采收加工

当子实体已长成刺状，并有少量白色粉状孢子产生时（通常是原基形成后10~15d），即可采收。采收时用小刀从子实体基部切下，不黏附培养基。太迟采收子实体纤维感增强，苦味更浓，这是孢子和老化菌丝的味道。采收后的培养基表面稍加搔菌，但不宜破坏培养基深处的菌丝体，否则第2批子实体较难长出。采收的子实体，根据不同用途进行加工，或送往制罐加工厂进行加工，或切片干制，或整个烘干，烘干温度掌握在35~60℃。

（三）液体发酵的技术要点

液体发酵，是以获得制药物猴头菌丝体为目的所采取的生产方式，全过程应严格遵守无菌操作。

1. 培养基配方

（1）斜面试管培养基。麸皮100g，葡萄糖20g，煮沸30min，去渣后，加蛋白胨4g，KH_2PO_4 2g，$MgSO_4 \cdot 7H_2O$ 1.5g，维生素 B_1 10mg，琼脂20g，水1 000ml，pH值自然。

（2）种子瓶培养基。基本同上，只是不加琼脂。

（3）种子罐培养基。葡萄糖20g，豆饼粉或玉米粉100g，蛋白胨或酵母浸膏10g，KH_2PO_4 15g，$MgSO_4 \cdot 7H_2O$ 75g，水

10L，pH 值自然。

（4）发酵罐培养基。将种子罐培养基中的葡萄糖换为 2%
的蔗糖即可，其他不变。

2. 发酵条件

按照猴头菌丝最适生长温度（24℃左右）控制培养条件。
种子瓶培养 4~5d，种子罐培养 3d，各级菌种接种量均按 10%
（V/V）左右逐级扩大。

3. 发酵终止标准

一般发酵结束时，液体为棕黄色，菌丝球每毫升 150 个以
上，静止后澄清透明，菌丝开始自溶，pH 值为 5 左右，残糖
量 0.2% 左右。

第二十二节　大球盖菇栽培

一、概述

大球盖菇（*Stropharia rugoso annulate*），又称皱环球盖菇、
酒红色球盖菇、褐色球盖菇，隶属球盖菇科、球盖菇属（图
5-26）。大球盖菇是一种草腐生菌。大球盖菇朵大、色美、味

图 5-26　大球盖菇

鲜、嫩滑爽脆、口感好，富含多种人体必需氨基酸及维生素，有预防冠心病、助消化、解疲劳等功效，是国际菌类交易市场中十大菇种之一。

大球盖菇栽培较为粗放，可在果园、林木、农作物中套种，成为结构合理、经济效益显著的立体栽培模式，是一项短、平、快的脱贫致富的农业种植项目。

二、栽培技术

（一）工艺流程

备料→培养料处理（染料）
菇场选择与构筑→整畦消毒 ⎫⎬→铺料播种→发菌→覆土→
出菇管理→采收加工。

（二）技术要点

1. 栽培季节

大球盖菇多采用室外、野外生料栽培，直接受到自然气候条件的影响，所以因地制宜地安排栽培季节，显得尤为重要。

大球盖菇属中温型，子实体形成温度范围 $8\sim28℃$，最适 $16\sim24℃$。福建省中低海拔地区以 9 月中旬至翌年 3 月均可播种，高海拔地区在 9 月至翌年 6 月均可播种，以秋初播种温度最适宜。长江以北地区，大致在 8 月上旬及 2 月下旬播种，10 月中旬及 4 月中旬开始出菇较为适宜。具体操作时应参照各地气候条件，选择在气温 $15\sim26℃$ 范围播种为宜。

2. 菌种制作

二级种和三级种用麦粒、谷粒或木屑、棉籽壳为原料均可，具体制作按常规操作。

3. 培养料及其处理

稻草、麦秸、玉米秸、野草、木屑、棉籽壳等任选一种或数种混合，不需添加其他辅料即可栽培。稻草最好选用晚稻草，因其质地坚硬，产菇期较长，产量也较高。各种材料需无霉烂，色泽、气味正常。备用的秸秆在收获前不使用农药，且晒干后切碎使用。

将备好的培养料在播种前用清水或 1%石灰水浸泡，使原料浸透吸足水分，然后沥干，使含水量在 70%~75%，料的 pH 值为 5.5~7.5 为宜，即可用于栽培。

4. 菇场构筑

菇场选择在避风遮阳的三阳七阴或四阳六阴的环境中，场内排水良好，土质肥沃疏松，富含腐殖质。棚内或无棚有遮阴的野外均可栽培，常采用畦栽，畦宽 1.5m，长度不限，畦面龟背形或平整，四周开挖排水沟。铺料前畦面须喷药杀虫杀菌，并撒生石灰消毒。

5. 铺料、播种和覆土

将浸泡沥干水的栽培料铺在畦面上，底层料厚 8~10cm，压实，均匀穴播菌种，穴距 20cm×20cm，然后上铺一层 15~20cm 厚的栽培料，压实，均匀穴播或撒播。规格同前，撒播每 500g 颗粒菌种播种 1.5m^{2}畦面。其上层铺 1~2cm 栽培料，以不见菌种为宜。最后覆盖草帘或旧麻袋保温保湿。用料量 20~25kg/m^2，播种后，2~3d 菌丝萌发，3~4d 开始吃料。覆土时间依不同栽培模式和环境有所不同。

大球盖菇的栽培模式大致有三种：一是果园立体栽培模式，南方以柑橘园为多。此模式不需搭棚，利用柑橘树自然遮阳，其覆土时间一般在播种后 25~35d。二是阳畦栽培模式，该模式主要是利用冬闲田或落叶树林地或山坡荒地。栽培时采用简易搭瓜棚的形式或不搭棚架直接覆盖草帘遮阳。此模式由于缺少林木或其他遮阳环境，场地光照充足，水分散失较快。

为避免畦床中栽培料偏干，影响菌丝生长，一般播种后 10～15d 覆土。三是塑料大棚栽培模式，此模式可参照蔬菜塑料大棚搭建或利用蔬菜大棚与蔬菜套种。此法一般在菌丝长满料层 2/3 时，大约在播种后 1 个月覆土。

覆土材料选用腐殖质含量高的疏松土壤，土层厚 2～4cm，覆土材料需预先杀虫杀菌，并调节土壤含水量至 20％左右。

6. 播种后的管理

播种后的菌丝生长阶段力求料温 22～28℃，料含水量 70％～75％，空气相对湿度 85％～90％。播种后 20d 内一般不直接向料中喷水，只保持畦面覆盖物湿润，防雨淋。20d 后根据料中干湿度可适当喷水。喷水时，四周多喷、中间少喷，以轻喷、勤喷管理。料温过高时，掀开覆盖物并可向畦床扎洞通气；过低时覆盖草帘保温。

7. 出菇管理

覆土后保持土层湿润，15～20d 菌丝爬上土层。这时调节空气相对湿度 85％左右，并加强通风换气，再经 2～5d 后即有白色小菇蕾出现（通常在播种后 50～60d 出现）。

这时主要工作是加强水分管理和通风换气，保持空气湿度 95％。从菇蕾出现到成熟需 5～10d。菇蕾出现后喷水，应细喷轻喷，以免造成畸形菇。大球盖菇朵重 60～2 500g，直径 5～40cm，在菇盖内卷、无孢子弹出时采收。正常情况下可采收 3～4 潮菇，以第二潮菇产量最高。鲜菇产量 6～10kg/m²。采收时紧按基部扭转拔起，勿伤周围小菇。采后去除菇蒂泥土，即可上市销售或保鲜，盐渍加工或干制加工。

第六章　食用菌病虫害及其综合防治

在食用菌的制种与栽培过程中，由于原料、用具、场地的灭菌消毒不严，而常常引起多种病虫害的发生，危害影响菇类的品质和产量，有时甚至绝收，由于许多种杂菌和食用菌一样都同属于真菌，往往采用药剂防治的效果不大，必须采用科学种菇、加强管理和药剂保护等综合措施，真正做到预防为主，药剂防治为辅，发病初期就应及时处理，以避免严重损失。这样既有利于降低生产成本、提高食用菌产量，又能减少污染。

第一节　食用菌病害

一、真菌性病害

引起食用菌病害的真菌，大部分属于半知菌亚门，如疣孢霉、褐斑病菌、轮枝霉褐斑病菌、菌被病菌等，这些病原真菌，一般生活在土壤中或其他有机物质上，若被带入菌场、菇房，便可危害食用菌。常见的有以下几种。

（一）褐腐病

又称白腐病或水泡病、疣孢霉病等，主要危害蘑菇和草菇、平菇，金针菇也会发生。该病主要侵染子实体。受害菇类发生畸形，菌柄膨大成泡状，严重时甚至不能形成子实体，而成为棉絮状白色菌团，后期流出褐色液体，散发出一股恶臭气味。

褐腐病的病原是毛霉菌、枝霉、疣孢霉，在分类上属半知菌纲，丛梗孢科，能产生孢子和厚垣孢子。

褐腐病菌通过孢子传播，在培养料含水量过大、菇房湿度过高、空气不流通的情况下会迅速蔓延，但在低温（10℃以下）条件下则极少发生，在高温（50~60℃）条件下经1h即全死亡。

防治方法：①消灭覆土病菌。可采取巴斯德灭菌法，即60~62℃温度持续处理1h灭菌消毒，也可用70%多菌灵或70%托布津可湿性粉剂500倍液时覆土喷雾，以杀灭病菌孢子。②发病初期，应及时停止菇房喷水，加强菇房通风，降低菇房内二氧化碳浓度和空气相对湿度，将温度降至15℃以下；病区用50%托布津可湿性粉剂800倍液喷雾，也可喷用1%~2%甲醛溶液灭菌。③发病严重时期，清除病害，更换新土，对病区和所有工具用4%福尔马林溶液进行彻底消毒。

（二）褐斑病

又称干泡病，主要危害蘑菇，对平菇、凤尾菇等亦有危害，该病主要侵害子实体的表皮，菌盖上出现星星点点褐色斑点和小球，而且菌盖表面上长一层灰白色霉层。后期感染菌柄，使菌柄基部加粗变褐，菌盖逐渐缩小，常有疣状附属物，病菇常干裂，菇形歪斜畸形，但菇体不腐烂，不分泌褐色臭液，也无臭味。

褐斑病的病原是真菌轮枝孢霉，属半知菌类，它的最大特点是孢子梗呈轮状分枝，故属轮枝霉属，分生孢子为单细胞，无色，卵圆到椭圆形。

褐斑病菌的孢子主要通过溅水传播，也能通过菇蝇、菌螨以及堆料或覆土带入菇房，干固的孢子可以随气流传播，特别是高温高湿有利此类病害发生，要注意结菇前期的覆土不宜过湿，以防此病爆发。

防治方法：①培养料要进行高温堆制和后发酵1~2次，以杀死病菌；同时注意蘑菇的覆土料不能带菌。②生产工具用4%福尔马林消毒。③发病后要及时清除病菇或在发病区域用5%多菌灵，也可用70%托布津可湿粉剂500~800倍液喷雾。④要严防菌螨和菇蝇的发生。

（三）软腐病

又叫树枝状轮枝孢霉，主要危害蘑菇等。发病时一般在覆土表层周围开始出现白色病原菌丝，后变成水红色，蘑菇从覆土到发育阶段最易遭到这种病菌的侵染，感染后的子实体逐渐变褐直至腐烂，但不发生畸形。

软腐病的病原是树枝状轮枝孢霉菌。它的分生孢子梗细长，分枝似轮枝状，分生孢子着生在单生或簇生的造孢细胞上，无色，菌丝棉毛状，白色。病原菌萌发的孢子在菇体或表面上生长成菌落，并在短期发生较多的孢子。这些孢子靠气流、水传播，甚至污染的覆土也能导致发病。覆土过于潮湿或在低温高湿环境下易发病，但危害面积较小。

防治方法：①覆土表面局部发病时，可用2.5%的甲醛溶液喷雾，加强菇房通风，减少床面喷水次数，降低表土和空气湿度。②发病严重时，患病部分撒石灰粉或用含量50%多菌灵800倍液喷雾防治。

（四）猝倒病

主要危害蘑菇的菌柄，侵染菌柄髓部，使菇体逐步萎缩，变成褐色，早期病菇无异样，只是菌盖部分色泽逐渐变暗，菇体停止生长，而后变成僵化。病原菌是镰孢菌（镰刀霉菌）。该病菌属半知菌纲，丝梗孢目，孢子有大小之分，小孢子为单细胞，无隔；大孢子为多细胞，细胞有间隔（1~7个），稍弯曲，类似镰刀形，此病主要通过土壤和周围环境传播。

防治方法：用含量 50% 多菌灵或 70% 托布津可湿性粉剂 500 倍液对土壤和环境进行灭菌消毒，发病后可用铜铵溶液喷雾，效果较好。铜铵溶液的配比是用 1 份硫酸铜加 11 份硫酸铵，再对水 300 倍即可，或者喷 1：500 倍多菌灵或托布津，效果也较好。

（五）红银耳病

主要危害银耳。该病一般发生在出耳阶段，采收第一批子实体以后，耳片上产生一层粉末状的杂菌，耳片停止生长，逐步成为不透明的僵耳。即使处理了病耳，下一批新生的耳片仍然会出现白色粉末状的杂菌，严重的会影响耳的产量和质量。

产生该病的原因是耳棚通风条件差，闷湿容易引起白粉病。

防治方法：根据木耳栽培者的实践经验，在出耳前期阶段，要培养粗壮的菌丝，出耳以后，必须加强耳室的通风换气，迅速降温降湿，以减少病菌的危害。

（六）小菌核病

主要危害草菇。此杂菌不仅与草菇争营养，甚至能分泌一种毒素抑制草菇的菌丝生长，危害严重时不能形成子实体。

病原为罗氏白绢小菌核菌，气温在 30~35℃ 时最易发生菌核，开始菌丝白色有片泽，为绵毛状及羽毛状，细致观察比草菇菌丝粗壮，为浅灰白色、透明，由中骨向四周呈辐射状生长，在菌丝上产生大量的菌核，菌核初期乳白色，之后体积增大逐渐变成米黄色，最后缩小变成茶褐色，形态类似油菜籽，这类病菌平时生活在土壤中及土表有机物质上，在草菇栽培中主要通过稻草传播。

防治方法：堆草前用 1% 石灰水（pH = 10）浸泡 24h。浸泡的稻草要全部浸入石灰水中，在水中无氧的情况下杀死病菌。床面局部发病时，也可用1%石灰水处理病患部位，以防蔓延。

二、腐生性病害

食用菌栽培料中常有木霉（绿色）、青霉（灰绿色）、曲霉（黑色或黄色）、链孢霉（橘黄色）、根霉和毛霉（小黑点）等多种杂菌污染，危害蘑菇、草菇和香菇等多种食用菌，尤其平菇、凤尾菇等生料栽培，以及香菇、黑木耳利用袋料栽培的更易污染。

（一）绿霉菌

又叫绿色木霉或康氏木霉。主要危害蘑菇、平菇、香菇、黑木耳、银耳等。该霉菌在自然界分布广泛，在土壤中、肥料中、木材上以及各种有机物上都能发生，而且对温度和酸碱度的适应范围广。这种杂菌一旦浸染到试管或菌种瓶（袋），以及播种后尚未萌发幼稚丝的菌种块上都会发生绿色的菌落，如不及时处理，很快会浸染到蘑菇或平菇菌丝以及子实体，使其生长不良，严重时子实体还会死亡。木屑或棉籽壳混合料栽培的香菇，在菌丝愈合阶段，如气温不适或管理不当，压块后很快受到绿霉侵染。侵染处香菇菌丝受到抑制，不易愈合，菌膜不能形成，严重影响香菇的产量。采用塑料袋栽香菇、黑木耳和银耳时，脱袋或划开塑料袋后进入培养阶段，如遇上高温高湿的环境或管理不当，栽培袋、菌袋或破口处极易感染绿霉，处理不及时会给栽培者带来严重损失，甚至绝收。

绿霉的分生孢子靠空气飘浮扩散，并通过消毒不彻底的生产工具或培养料带入菇房，一旦沉降到有机物质上，孢子遇上带酸性的栽培块等潮湿的材料，就会很快萌发出菌丝而形成菌落。

防治方法：①菇房、用具以及培养料必须彻底消毒灭菌。

对菇房、用具处理，可用5%甲醛水溶液（即1份甲醛对7份水）或5%的石灰酸（苯酸）水溶液进行喷雾灭菌。对培养料的处理可用料重量0.2%的多菌灵拌料，或将培养料在2%~3%的石灰水中浸泡一天，以杀死杂菌，并严格掌握适宜的含水量，切忌含水量过高。②在栽培过程中发生绿霉菌，应及时通风降温，并将菇房湿度控制在25℃以下。③如栽培块、袋（瓶）表面发生绿霉，用石灰清水（pH=10）涂擦患处，可抑制绿霉生长。假如绿霉侵入到料内，可挖去霉变部分，并及时补种。④在蘑菇培养料上发生绿霉时，要及时将绿霉及周围的培养料拣掉，再喷洒一次微量的石灰清液。

（二）青霉菌

此病危害多种食用菌，常发生在产生结块而未完全腐熟的培养料上或没有经过彻底消毒的床架上。感染初期为白色的绒毛状小点点，很快变成绿色、青色、蓝色等粉末状菌落，若不及时采取措施，很快就会蔓延到菇的基部，这种杂菌对灵芝的危害很大，斜面培养基、瓶栽培养基、菌柄生长点以及菌盖等部分都可能被侵害。

青霉菌存在于各种有机物质、肥料和土壤中，它的孢子在空气中飘浮传播。培养基灭菌不彻底，接种过程未在无菌条件下进行是造成菌种污染的重要原因；栽培床面受污染是与菌种发菌能力弱及菇房高温、高湿有关。

防治方法：对各种原辅材料要进行严格消毒，并保持干燥，培养室要注意多通风，温度、空气相对湿度要低。如局部发生，可用5%左右的石灰清液冲洗。

（三）脉孢霉

又称链孢霉。脉孢霉常见的有粗糙脉孢霉和间型脉孢霉等，脉孢霉的菌丝生长疏松，孢子表面带有脉纹，分生孢子常成串悬挂在气生菌丝上，呈橘黄色。脉孢霉生长快，传播力极强，对食用菌种生长和瓶、袋或栽培的威胁很大，也是最易污染的霉菌之一。

此病原是以梗孢属的一种，由于无性生殖产生大量的分生孢子随空气流动而传播，腐生在各种有机物质上，蔓延扩大，污染环境而构成危害。

在高温、高湿的梅雨季节进行制种或瓶栽、袋栽生产时，如果遇上湿度大，尤其是在菌种瓶的棉塞受潮或瓶、袋装料灭菌不严的情况下，很容易发生脉孢霉的感染。

防治方法：制种生产和瓶、袋栽培阶段要避免在闷热、潮湿的梅雨季节进行，同时要做好瓶、袋等生产工具的消毒和环境卫生工作，严防瓶塞受潮，培养室要干燥，室内外和菌种瓶棉塞以及栽培瓶、袋的周围可撒些石灰粉进行预防，遇到阴雨闷热的天气，要经常观察检查，如发现脉孢霉不要随意触动污染物，应及时将它灭菌后再进行清理、烧毁，并在周围环境撒喷 1：1 000 倍多菌灵，以防扩大污染。

（四）毛霉菌

毛霉菌又叫长毛菌。主要危害蘑菇、平菇、草菇、灵芝等食用菌，多数发生于培养料表层或潮湿的环境，其菌丝和假根长入培养料内，争夺养分和水分，分泌毒素，危害食用菌菌丝生长。毛霉菌是一种腐生或弱性寄生菌，菌丝粗壮、灰白色、软、稀疏，很快生成灰黑色孢子囊，成熟后，孢子囊破裂而散发孢子。该杂菌孢子在空气中飘浮传播。

防治方法：与其他霉菌相同，但要切实抓好培养料及接种工具等的消毒灭菌，同时培养室要严防高温高湿。

（五）根霉

危害蘑菇、草菇等多种食用菌。

根霉菌也是腐生性真菌，生活习性与毛霉菌相似。但它的菌丝并不发达，不长长毛，只长较短的孢囊梗，在每一孢囊梗顶端形成球形的孢子囊，最初为白色，后变为灰白色到黑色。用显微镜可以看到它的假根。

防治方法与其他霉菌相同。

（六）曲霉

能危害多种食用菌，常发生在培养料上，抑制食用菌的菌丝生长，尤其在制种消毒不严时，很容易感染此类杂菌。它的菌丝长入培养基后，很快长出较长的孢子柄，成串的分生孢子放射排列在顶囊细胞外面的小梗上，其产孢组织在显微镜下观察类似杨梅。

引起食用菌污染的曲霉种类很多，常见的主要有黑曲霉、黄曲霉、白曲霉、土曲霉，防治方法同其他霉菌。

（七）鬼伞

主要危害蘑菇、草菇及平菇。在蘑菇、草菇及平菇的栽培过程中，特别是栽种草菇时，在料堆或床面上，常长出鬼伞子实体，鬼伞子实体生长特别快，从长成子实体到溶解成黑色黏液团，只需要24~28h，鬼伞主要是与菇体争夺营养，影响菇的产量。

菇床发生的鬼伞有墨汁鬼伞、毛头鬼伞、粪鬼伞等，大多为灰黑色，菌伞薄，有花纹或条纹。高温、高湿、氨气味大的料上最有利于鬼伞生长，室内栽培平菇的床面上也能长出鬼伞。鬼伞孢子靠空气流动散发，吸附在潮湿的材料上蔓延扩大。

防治方法：①堆培养料时料温要高，湿度不宜过大；降低氨气含量。②堆料场发生鬼伞时，必须提高料温和及时翻堆，或通过后发酵处理将鬼伞孢子杀死。③菇床发生鬼伞，应摘除深埋土中，及时降低室温（降至18℃以下），采取提早覆土，以抑制鬼伞的发生。

（八）假块菌

又称胡桃肉状菌，国外称牛脑髓菌，主要危害蘑菇，一般出现在覆土前。覆土前发生料面出现奶油色棉絮状菌丝体，培养变成暗褐色潮湿状，含有漂白粉的气味，使蘑菇的菌丝生长受抑制。如覆土后发生此菌，会生出浓密的白色菌丝（与蘑菇菌丝相似），继而形成大小类似胡桃肉状的子囊果，子囊果破裂后发出大量子囊孢子，初期为白色，成熟后变成淡黄褐色，表面有明显的皱褶，好似牛脑或胡桃肉的形状，假块与蘑菇争夺养料，使蘑菇不易形成子实体或形成为数极少的子实体，严重污染的还会造成大面积不出菇。

假块菌平时生活在土壤中，因覆土消毒不严而带进菇房。在高温、高湿、通气条件差或培养料呈酸性的情况下，比较容易发生，并能迅速蔓延。

防治方法：①加强菌种检验，如发现菌种有漂白粉气味或短而浓密的菌丝，必须剔除。②新老菇房要严格消毒灭菌，堆料场地要干净，培养料堆制可拌用1∶800倍多菌灵。③栽培管理应注意要用石灰水将培养料的酸碱度高至pH值为8~9；防止培养料过湿过厚；覆土要取底层土或没有污染的新土。④如发生杂菌，应立即停止菇房喷水，让覆土表层干燥后，拣去污染物，再将室温降至16℃以下，抑制假块菌的蔓延。

三、病毒性病害

病毒是生物界中一类最微小、结构最简单的生物。它没有像细胞那样的结构，而只有核酸和蛋白质两种成分。它没有独立的代谢系统，因此，它是寄生在其他生物和活细胞内生存繁殖、引起食用菌的病毒病，首先在蘑菇上发现，后来在香菇、平菇上也有发现。

食用菌感染病毒的症状很多，蘑菇病毒病的症状表现为全部或局部床面上菌丝退化，生长不良，菌丝逐渐腐烂，形成一个无菇区，即使出了菇也因发育不良，子实体变小，出菇少或菇体畸形，如菇柄弯曲、特长、菌盖特小或盖厚、柄短等。染病的蘑菇其菇体发褐，呈干枯状，严重时菌柄流水腐烂，整个菇体逐渐皱缩，最后枯萎死亡。平菇病毒病的症状为菌柄肿胀呈球形或烧瓶形，不形成或只形成很小的畸形菌盖；菌柄表面凹凸不平有瘤状突起，菌盖及菌柄上出现明显的水渍状条纹或条斑。香菇病毒病的症状：在菌丝体生长阶段，菌种瓶或菌种袋中出现"秃斑"，在子实体生长阶段，一是出现畸形子实体，二是子实体早开伞，菇肉薄，产量低。

菇床上发生病毒病的主要原因：一是菌种本身带有病毒；二是带有病毒的粗孢子沉降在菇床上萌发而引起的。

防治方法：对食用菌病毒主要采取预防措施。①要引种、选育抗病毒的优良菌株，确保菌株不带病毒。②注意培养料和覆土的消毒，以杜绝病毒传播感染。菇房及生产工具用0.5%~1.0%苏打水（碳酸钠）或2%~4%浓度的五氯酚钠溶液喷撒或抹洗后在太阳下晒干，即可来杀灭病毒。播种后，床面最好用一层旧报纸覆盖，防止带有病毒的孢子掉落菇床。③防止菌蛆及线虫，因菌蛆和线虫可能传播病毒。如果当地严重感染病毒病，还可采取暂时改种其他菌株的办法，因为病毒对宿主的寄生有高度的专一性。

四、细菌性病害

细菌是单细胞裂殖微生物，分布广，繁殖速度快，一般每隔20~30min即可分裂一次，它的特点是：没有菌丝，菌落似糨糊一样黏滑，有的还产生臭气，在培养基上，形态一般为圆形稍隆起，表面光滑或有皱纹，边缘整齐或有波浪，颜色变为白色或黄色。细菌性病害对食用菌制种威胁极大，污染斜面菌种的细菌多数属芽孢杆菌类、目前常见的细菌性病害有以下几种。

(一) 细菌斑点病

细菌性斑点病又叫褐斑病，主要危害蘑菇、平菇、金针菇等。受病菌污染后，菌盖及菌柄上出现红褐色稍下陷的小斑点，病斑主要在表皮层，即使接触菌肉也是较浅的，但病害严重时，菌盖上有上百个病斑。细菌斑点病的病原为托氏假草孢杆菌，它借助空气飘浮或通过覆土以及菇蝇、绒虫和工作人员传播。特别是在高湿、高温条件下很快就能感染菇体，并立即产生病斑。

防治方法：主要是控制菇房的温度和湿度，注意菇房的通风换气，尤其是在喷水时要掌握喷水量。菌盖不应有积水，同时适当降低土层湿度，菇房用 1∶500 倍次氯酸钙（漂白粉）水溶液喷雾，或喷 100mg/kg 左右的链霉素或土霉素，可预防细菌斑点病的发生。

(二) 腐烂病

腐烂病危害蘑菇和平菇。主要在菌盖和菌柄上发生，并产生水清积腐病状，严重时多数病菇腐烂，菇体变黏滑，并散发出恶臭。腐烂病的病原菌是荧光假草孢杆菌。主要由工作人员或昆虫传播，当细菌渗出物干后，随空气的流动而扩散。

防治方法：可参考细菌性斑点病的防治方法。

(三) 烂耳

烂耳主要危害银耳、黑木耳。此病一般在出耳后发生，当耳片或耳根感染细菌后，很快产生自溶腐烂。造成烂耳的原因主要是子实体过熟或雨水过多，造成细菌或红酵母菌感染；气候闷热、湿度大。耳场或耳根通风条件差；培养料或耳木潮湿，菌丝失去活力，病虫杂菌侵染，此外，用农药过量或酸碱度不稳定也会烂耳。

防治方法：定时观察，注意及时采收，工具严格消毒灭菌；改善耳场、耳棚的环境卫生，加强通风，增强光照，降低温湿度，以防烂耳。若发现不结耳或严重烂耳，可喷撒稀食盐液或1%石灰酸、3%来苏儿等。

五、生理性病害

不适宜的生活环境和不当的栽培管理措施或遗传变异，都能引起食用菌生长发育和生理性障碍，产生各种异常现象，甚至死亡。

（一）菌丝徒长

香菇、蘑菇、平菇都可能发生菌丝徒长现象。尤其是蘑菇覆土以后，颈毛菌丝旺长，细土表面产生"冒菌丝"，形成菌丝徒长，严重时浓密成团，结成菌块（菌皮），而推迟出菇，降低产量。平菇由于管理没有跟上，菌丝徒长，表层形成粗状菌束网，迟迟不出菇，香菇栽培块的愈合阶段，如管理不当，表面也会结成白色的老皮（菌皮），既不转色，也不能形成子实体。

菌丝徒长的原因：①管理不当，菇房通风少；平菇、香菇覆盖的塑料膜由于长时间不透气，二氧化碳浓度大；蘑菇细土或香菇栽培块表面湿度大，以及平菇料层干燥等。这些条件都适于长菌丝，而不利于形成子实体。②母种分离时，气生菌丝挑得过多，使得原种和栽培种产生结菌块现象。

防治方法：在蘑菇进入细土调水，平菇菌丝长满料层或香菇栽培块菌丝愈合后期，必须加强菇房通风或经常掀动塑料薄膜以增加透气，减少细土表面和栽培块表面湿度，相应降低菇房的湿度，以抑制菌丝的生长，促进子实体的形成，如蘑菇土面或平菇床面、香菇栽培块的表面发现结成菌块和菌束网状，可用刀划破菌块、菌束网喷一次重水，并进行大通风，促使降温，造成温差刺激，仍可形成子实体。

（二）菌丝生长缓慢或不生长

草菇、猴头菌等在发菌阶段常会出现菌丝生长缓慢或不生长的现象。

产生的原因：①培养料含水量过多或过少，尤其水含量过多时影响大。②酸碱度不适，如栽培草菇的培养料酸度过高时菌丝生长不良，相反，猴头菌的培养基中性或偏酸性时菌丝生长不良或不生长。③料温、气温过低或过高，特别是料温过高会引起菌丝生长缓慢或烧死菌丝的现象。④有毒化合物质的影响或农药使用不当。

防治方法：在整个栽培过程中，创造适宜的环境条件，如水分、温度、酸碱度等，并合理使用农药。

（三）子实体畸形生长

蘑菇、平菇、香菇、灵芝等常发生子实体畸形。其症状为原基呈球形、半球形或子实体形状不规则，如菌盖小、菌柄大、歪斜、锯齿状，甚至发生多次分叉、丛生、不形成菌盖。有些则形如花菜，或菌柄粗、且弯曲，菌盖凹凸不平，菌盖边缘反卷成波浪形等。

引起上述畸形生长的原因：机械性损伤，如蘑菇覆土的土粒大小不匀，覆土质量不好；菇房床面空气不流通，二氧化碳浓度过高，或菇床里的光照不足；也有可能因病毒的危害或药物的影响，理化诱变剂的作用以及遗传变异等。

防治方法：针对发生原因，采取相应措施，如加强菇房通风、透光，降低菇房内二氧化碳浓度，增加新鲜空气；注意蘑菇覆土质量和合理使用农药，恰当选用诱变剂；选用食用菌优良品种等。

（四）幼菇萎缩

幼菇萎缩的主要症状为幼菇及菇丛生长瘦弱，子实体颜色黄白或淡黄褐色，菇体逐渐萎缩枯死。

产生幼菇萎缩的原因：蘑菇、平菇、香菇、金针菇及黑木耳等食用菌，在菇蕾或耳芽形成初期，如果管理措施跟不上，就会导致菇体自身营养不足，不能正常发育而萎缩。如水分管理不当，培养料含水量和空气湿度过低，引起严重失水；通风条件差，空气不足而造成幼菇萎缩死亡等。

防治方法：控制好培养料的含水量，菇房管理方面要注意通风换气和及时喷水管理，并保持菇房适宜的温湿度。

（五）子实体早开伞

菌菇最易发生早开伞，或出现柄细长、薄皮早开伞的子实体。

产生的原因：①菌种不纯或感染病害或因温度急剧下降造成10℃的大温差，同时，室内湿度偏低而发生硬开伞。②蘑菇旺产期，出菇过密，温度偏高（10℃以上），室内二氧化碳浓度过大，而出现柄细长、薄皮早开伞的子实体。以上子实体的开伞，严重影响了蘑菇的产量、质量，使商品价值降低。

防治方法：蘑菇出菇期间，要注意气候预测预报。既要做好低温来临前的保温工作，减少温差，也要注意做好室内控温，不使菇房气温高于18℃以上；注意菇房内的通风换气和增加空气相对湿度；在蘑菇旺产期要防止出菇过密，并严格控制喷水。

（六）死菇

蘑菇栽培期间常发生死菇。一般在无病虫害的情况下，从幼小的菌蕾到大小不等的子实体都能发生。其过程为子实体变黄、僵缩、停止生长直至死亡。

产生死菇的原因：菌丝吊得太高，出菇过密，营养跟不上；气候突变，温湿度不合适；室内通风不畅以及使用药剂失调等。

防治方法：要确保培养料厚度，而且培养料堆制必须充分腐熟；在管理上既要调节好菇房温湿度，又要准备预防气温突变的措施；加强通风，保持室内空气新鲜；使用药剂要适量，方法要得当。

第二节 食用菌虫害

目前，人工栽培蘑菇、香菇、平菇、草菇和黑木耳等食用菌，常发生各种虫害，尤其螨害最为突出，现简单介绍几种主要害虫以及防治方法。

一、菇床上的害虫及其防治

（一）菇蚊

菇蚊主要危害蘑菇、平菇、草菇。成虫是一种赤色的小蚊，常栖息在杂菌或腐烂的物质上，从滋生地飞进菇房。幼虫也叫菌蛆，虫体很小，幼龄菌蛆体呈白色，后逐渐变成橘黄色到橘红色，长2~3mm。菌蛆活动在培养料中吃菌丝，大量发生时，严重威胁菌丝体生长。成虫钻进菇体危害菌盖和菌柄，造成床面不出菇或长出瘦弱的菇。

防治方法：①培养料采取后发酵处理，杀死虫卵。②如在出菇前出现菇蚊，可使用80%敌敌畏乳剂800倍液，或0.15%马拉硫磷溶液喷雾。③出菇后发生，可用20%除虫菊酯乳油1 000倍液喷雾。

（二）菇蝇

主要危害蘑菇、平菇。成虫为黄褐色的小蝇，幼虫为菌蛆，灰白或黄白色，头部稍尖，尾部钝，体形很大，体长 1cm左右，爬行比较快。其中粪蝇对蘑菇危害最大，虫卵一般产在培养料层菌丝索上，幼虫大量发生时对蘑菇危害极大，主要吸食菇菌丝和子实体，蝇害严重的菇体被蛀成许多孔洞，失去商品价值。

防治方法：与防治菇蚊相同。另外还可以在堆肥内拌用除虫菊酯或三嗪农药剂，有一定的预防效果。

（三）菇蚋

又称瘿蚊，危害蘑菇、平菇，成虫是一种微小的蝇子，幼虫（蛆）为橙色和白色，菇蚋繁殖比较快，幼虫出生一周后即能繁殖 15～20 条小虫子，虫子本身对蘑菇没有多大影响，主要会将病菌带入菇房或侵染蘑菇致病，而蛆附在菇体上影响菇的商品价值，菇蚋虫体小，很容易传播。

防治方法：①培养料采取后发酵处理。②搞好场地环境卫生和工具的消毒。③已感染的菇房必须采取隔离措施。

（四）菌螨

菌螨，又叫菌虱。主要危害蘑菇、香菇、草菇、金针菇、银耳、黑木耳等，危害食用菌的菌螨有蒲螨、粉螨、根螨、跃线螨。蒲螨体型很小，一般肉眼不易看见，多数栖息在料面或土粒上，体色为淡褐色，聚集成团；粉螨体型较大，色白发亮，爬行较快，不成团，数量多，呈粉末状。粉螨和蒲螨繁殖均很快，常聚集在菌种周围，吃食菇类菌丝，受害菌丝不能萌发或发菌后出现退化现象。若菇床上感染菌螨，菌丝无法蔓延生长，严重时菌丝被吃光，造成严重减产，甚至绝收。在金针菇原种瓶里也可发现有螨类危害。银耳、黑木耳遭受螨害后，影响耳根的发育生长，甚至发生烂耳和畸形。

这些菌螨平时生活在堆放厩肥、废渣或米糠、麸皮、豆饼等物的场所，或鸡窝、猪舍中，老菇房的床架、墙缝、工具缝隙中也有，如缺乏预防措施或消毒不严，就会通过多种途径进入菇房，检查菇房上是否有菌螨，可在出菇前用一张干净的塑料薄膜覆盖在床面上，用灯或其他方法加热升温，使料面温度达25℃左右，如果料内有菌螨，就会很快爬到塑料薄膜上，取出检查可见到菌螨在爬行，菌种瓶或棉花塞上是否有菌螨，可用塑料薄膜包住棉花塞，将菌种放在太阳下晒1h左右，菌螨会爬到瓶肩处或塑料薄膜上。

防治方法：①加强菌种检查，切不可出售、购买有螨害的菌种。②菇房、耳场、制作室、培养室都要远离鸡窝、猪舍、谷场和饲料仓库、厩肥堆场场所。③培养料进行高温和发酵处理，进料前用杀螨剂拌料或喷洒。但要注意大多数杀螨剂对金针菇有害，一般不宜使用。④耳面、耳棒、袋料等发生菌螨，用0.5%敌敌畏喷洒，每平方米喷0.4kg，也可用三氯杀螨砜（1∶1 000）或杀螨砜（1∶800）液喷杀。⑤采用糖醋液诱杀，在5kg糖醋液中加入50~60mg敌敌畏，取一块纱布放在药液中浸湿后覆盖在床面上，待菌螨从料层内爬上药布后将其放在药液中加热杀死。依照上法反复几次，即可诱杀大量菌螨，每隔12d进行一次，可收到很好的效果。但银耳一般不宜用农药防治，因银耳菌丝对农药敏感，易产生药害。

二、菇床上的有害动物及其防治

（一）蛞蝓

蛞蝓又叫水蜒蚰，危害多种食用菌，蛞蝓为软体动物，白天潜伏在阴暗潮湿的角落，夜间出来活动，如果菇房阴湿，通风不良，就会遭受蛞蝓的危害，蛞蝓专咬食子实体，影响菇类的产量、质量，降低商品价值。

防治方法：要加强菇房的通风降湿和搞好环境卫生；在夜间进行人工捕捉，或在蛞蝓常出入活动的场所喷洒高锰酸钾和食盐稀溶液驱杀。

（二）蜗牛

蜗牛是一种软体动物，它主要危害露地栽培的食用菌。

蜗牛危害子实体的情况与蛞蝓相似，受害子实体的菌盖或菌柄上出现凹陷斑纹。

防治方法：①人工捕捉；②堆草诱杀。在菇床四周堆放青草，引诱前来取食，然后捕杀。③菇床下料前喷 1：100 倍的硫酸铜溶液，或 1% 的波尔多液。

三、食用菌干制品贮藏中的害虫及防治

加工烘干的食用菌干制品，在贮藏运输过程中常发生多种害虫，主要有麦蛾、印度谷蛾、粉斑螟蛾、长角谷盗、烟虫甲公和背胸露尾虫等，此外还有螨害。这些害虫，也危害贮存的粮食、药材、豆类等。因此与上述物品混放是食用菌干品发生虫害的一个因素。其次，食用菌干制品本身的含水量偏高，也有利于害虫的发生和危害。

防治方法：①贮藏食用菌干制品的仓库内外一定要清洁卫生，要清除杂物及废料，并用敌敌畏进行彻底杀虫。②食用菌干制品的含水量要控制在 12% ~ 13% 才能入库贮藏；要加强定期抽样检查，如发现含水量超过规定的指标，必须及时进行烘晒。③食用菌干制品应用密封包装，最好存放在 3 ~ 5℃ 的低温库贮藏。④发现虫害，可将干制品放在 55 ~ 60℃ 的烘干机或烘房中烘杀虫害，或用磷化铝片剂进行密封熏蒸。

第三节　食用菌病虫害的综合防治方法

食用菌生长发育的环境条件，也适合多种病虫和杂菌的滋生。同时，食用菌的特有栽培方式，对病虫杂菌又不适用药物防治，因此，在食用菌生产上采取"预防为主，综合防治"的措施，就有其特殊意义。

一、环境卫生的治理

良好的环境卫生，能减少病虫害的蔓延和发生。对菇房、场地、接种室、培养室、贮藏室以及生产用具等，除了做好日常的卫生清洁工作以外，还应定期采用福尔马林和高锰酸钾等药物进行熏蒸灭菌消毒；食用菌栽培场地应远离养鸡场、畜舍和饲料堆，并将废弃物和污染物及时烧毁或深埋，以防污染环境，传播害虫。如有可能，通过菇场的道路和生产地面应清理填土平整，以便保持环境卫生。

二、加强灭菌消毒

（一）培养料、覆土的灭菌消毒

（1）在堆制培养料前，场地要清除杂物，用水冲洗干净，然后用杀虫、杀菌剂消毒，并在培养料里加些甲醛或多菌灵等药物。

（2）选用无病虫、杂菌污染的土作覆土，如发现覆土材料已经污染，可采用巴斯德灭菌法（60～70℃）处理30～50min，或用甲基溴熏蒸。覆土前工作人员都要注意清洁卫生，以减少病菌污染机会。

（二）收菇后的清理消毒工作

每一潮菇收获之后，要对菇床上的菇根、病根等残余物进行一次彻底清理，以保下潮菇的正常生长。菇采收结束后，在拆料之前应进行一次熏蒸。据有关资料介绍。大多数真菌的菌丝和孢子约在65℃即被杀死，而昆虫、线虫和菌螨约在55℃被杀死。如果室内升温至65~70℃，维持1h，即可达到彻底消毒灭菌。拆除培养料以后，将废弃的料运到远处，其菇房内的床架、地面、墙壁、用具等物要进行洗刷消毒，暴晒后保存。若平菇、香菇、黑木耳、银耳采取室外棚栽，不仅用具要消毒，而且栽培场地不可连续利用，以避免病虫和杂菌的侵染。

三、合理使用农药

危害食用菌的病菌或杂菌大多数属真菌，在采用药剂防治时对食用菌本身也有影响，而且还有一个农药残毒问题。因此，在采用药剂防治时要特别慎重。目前常用多菌灵拌料，可起到抑制霉菌生长的作用，也有用65%代林锌1：600倍等来防治各种真菌性病害或杂菌。防治细菌性病害一般采用漂白粉（次氯酸钙），局部发生时可用农用链霉素或土霉素喷雾防治。对虫害和螨害，比较好的防治方法是在培养料中加入适量的杀虫剂，如二嗪农、马拉硫磷、速灭松等高效低毒杀虫剂，或用10mg/kg浓度的灭幼脲（一种脱皮激素）处理，少用毒性大的磷化铝。

为安全起见，农药应在处理培养料及菇房消毒时使用，出菇期最好不用农药。菇房在播种前可用甲醛加敌敌畏或硫黄粉加敌敌畏封闭熏蒸24h，既可消灭杂菌，又可杀虫、杀螨。熏蒸时每立方米空间甲醛的用量为8~10ml，硫黄粉10~12g，敌敌畏1~2ml。南京粮食研究所提出在菇房墙壁、地面和菇床周围，或在出菇前的床面撒些除虫菊酯粉剂有较好的防治效果。

四、加强环境条件的控制

目前在蘑菇高产地区，培养料普遍采用后发酵（即两次发酵）处理，可有效地杀死培养料中的病菌和害虫，尤其病害防治方面，如能掌握适时播种，调节好温度、湿度及通风等条件，完全可能预防病害的发生和杂菌的污染。根据各地多年实践证明，凡是高温高湿、通风不良的环境，病害发生都较严重。特别是细菌性病害的发生与高湿高温有密切的关系。非传染性的各种生理性病害，多数是由于二氧化碳浓度过高，通风光照条件较差所引起的。因此，采用全面、全过程、多周期的综合防治是很有必要的。

第七章 食用菌的贮藏保鲜和加工技术

随着食用菌栽培的不断扩大，其产量也在不断提高，这就容易造成产品积压，尤其是在产菇旺季。但由于没有采用合适的贮藏保鲜方法，致使大量产品腐烂变质，造成了巨大的经济损失。所以，食用菌的贮藏保鲜技术是当前较为重要的研究课题。

第一节 食用菌的贮藏保鲜方式

食用菌的保鲜方法有很多，需根据温度、品种、采前管理、贮存环境的卫生状况等，采用恰当的保鲜贮藏方式，才能达到保鲜贮藏的最佳效果。

一、低温

低温贮藏是食用菌常用的一种贮藏保鲜方式，适用于草菇和蘑菇。低温的环境可以抑制酶活性，降低机体的正常代谢活动，弱化呼吸作用，微生物的活动受到抑制。在寒冷的季节和地区，可利用天然低温进行保鲜；而在温暖的季节和地区，则需要人工冷藏。人工冷藏主要包括以下几种方式。

（一）冰藏

建造冰窖来进行食用菌低温贮藏。

(二) 机械冷藏

机械冷藏就是通过机械制冷，降低冷库内的温度，从而达到保鲜的目的。食用菌的冷库贮藏技术主要有以下几种。

1. 烘烤

鲜菇采收后，摊放于太阳下晒或置于烘房，在30~35℃下烘烤（一般至三成干即可），以增加菇体的塑性，改善菇体贮藏后的外观形状。

2. 预冷

预冷是常规冷藏操作中的一道必要工序。刚收水的菇体，其温度要比冷库高，在进库前需先去除这部分热量，以减轻制冷系统的负荷。目前国内食用菌的冷藏，主要通过减少进库的数量，来维持冷库的温度，从而省去了预冷这一工序。

3. 调节冷库的温度和湿度

（1）温度。食用菌不同，其适宜冷藏的温度也不同，一般是在0~15℃范围内（双孢菇为0~5℃，草菇10~15℃）。在这一温度下贮存72h，菇体会略微变小，但质地仍会较硬，不开伞，且没有异味。

（2）湿度。在库房地面洒水或开启冷藏的增湿设备，来维持冷库较高的相对湿度（一般为80%左右），以保持新鲜菇体的膨胀状态，使其不萎蔫。

4. 通风

冷库常用鼓风机或风扇等通风设施进行通风，以使空气均匀分布。

5. 空气洗涤

采收后，菇体仍是一个有生命的机体，会通过呼吸作用释放二氧化碳，可用氢氧化钠溶液吸收。

6. 保持货架低温

将鲜菇用穿孔塑料周转盒盛载后放于货架之上，利用鼓风制冷技术，使鲜菇一直处于经过冷库冷却的低温高湿空气中，从而在贮存到销售整个过程中都保持特定的低温状态。

二、气调

在氧气浓度较低和二氧化碳浓度较高的条件下，菇体新陈代谢和微生物的活动均会受到抑制，二氧化碳还能延缓子实体开伞和降低酚氧化酶活性，以达到保鲜目的。草菇和蘑菇常采用这种贮藏方式。气调贮藏主要有以下两种方法。

（一）气调冷库

1. 普通气调

可通过开（关）通风机和二氧化碳洗涤器，分别控制空气中的氧气量和二氧化碳量。采用这种方法所需的费用较低，但耗时较长，冷库气密性要求也较高。

2. 再循环式机械气调

将冷库内的空气引入燃烧装置中进行燃烧，使氧气变成二氧化碳。当二氧化碳浓度达到要求时，开启氧气洗涤器，氧气浓度达到要求后停止燃烧。其余可参照普通气调贮藏。

3. 充氮式机械气调

在氮气发生器中，用某些燃料（如酒精）和空气混合燃烧后，再将空气净化，剩下的主要是氮气，还有少量的氧气以及燃烧生成的二氧化碳，从而产生低氧气浓度和高二氧化碳浓度的环境条件。这种方式对冷库气密性要求较低，但所需费用较高。

（二）薄膜封闭气调

薄膜封闭容器可放于普通机械冷库内，与气调贮藏库相比，使用方便，成本低，还可在运输中使用。主要有以下几种方法。

1. 垛封法

将鲜菇成垛放置于通气的塑料框内，注意四周要留出一定的空隙，然后用聚乙烯或聚氯乙烯薄膜密封垛的四周，利用菇体自身的呼吸作用就可降低氧气浓度，增加二氧化碳浓度，从而达到贮藏目的。为防止二氧化碳中毒，可在垛底撒放适量的消石灰来吸收过量的二氧化碳。

2. 袋封法

将鲜菇装在聚乙烯塑料薄膜袋内，扎紧袋口，再经过挤压或抽气，排出袋内的空气，然后置于货架上，若同时配合冷藏，保鲜效果会更好。或者采用定期调气或打开袋口放风，换气后再封闭的方法。较薄的塑料薄膜袋，本身具有一定的透气性，采用这种袋来装鲜菇，可达到自然气调，目前国内常采用这种方式来贮藏食用菌。

3. 硅窗自动调气

硅橡胶具有高透气性，既可以维持袋内高二氧化碳、低氧气环境，抑制呼吸作用，还不会引起二氧化碳中毒。只是硅橡胶的价格较高，还难以大规模使用。

三、化学调控

食用菌的呼吸作用可通过一些无毒无害的化学药剂来进行抑制，从而延缓子实体开伞，延迟衰老，同时防止腐败微生物的侵染，以达到延长保藏时间的目的。适用于蘑菇。常用的化学贮藏主要有以下几种处理方法。

（一）盐水处理

将鲜菇浸泡在 0.6% 盐水内，10min 后装袋，在 10~25℃

的条件下维持 4~6h，蘑菇会逐渐变成亮白色，可保持 3~5d。

（二）稀酸处理

将菇体放于 0.05% 稀盐酸中浸泡，使其 pH 值降到 6 以下，酶活性会受到抑制，同时还会抑制腐败微生物的生长，从而达到保鲜目的。

（三）激动素处理

将鲜菇置于 0.01% 的 6-氨基嘌呤中浸泡 10~15min，沥干后装袋，可保鲜。

（四）比久处理

将鲜菇放入 0.001%~0.1% 比久水溶液中浸泡 10min，然后沥干装袋，在适宜的温度下，蘑菇可保鲜 8d。

（五）焦亚硫酸钠处理

先将菇体用 0.01% 焦亚硫酸钠水溶液漂洗 3~5min，再放于 0.1%~0.5% 焦亚硫酸钠水溶液中浸泡，30min 后捞出装袋，在 10~15℃ 的温度下，可保持菇体洁白，保鲜效果也很好。

四、辐射

鲜菇通过（或 ^{137}Ca）的 γ 射线，或经加速的、能量低于 10MeV 的电子束处理后，机体内的水分子和生物化学活性物质会处于电离或激发状态，从而抑制核酸合成，钝化酶分子，造成胶体状态变化，进而延缓子实体开伞和其生理代谢，并抑制褐变，增加持水力，同时还能杀死腐败微生物和病原菌。

与化学贮藏相比，没有化学残留；与低温贮藏相比，可以节约能源。辐射贮藏的保鲜效果和照射剂量、温度有关，所以，采用适当的剂量，同时结合冷藏，会使效果更好。辐射贮藏还可连续作业，容易实现自动化生产。

适用于草菇和蘑菇。草菇用 γ 射线 10 万伦琴处理后，在

13~14℃下，可贮存 4d；蘑菇用 γ 射线 5 万~7 万伦琴处理后，在常温下可贮存 6d（对照组为 1~2d），低温下可保鲜 30d。

五、负离子

空气中的负离子能够抑制菇体的正常新陈代谢，还可起到净化空气的作用。负离子发生器不仅可以产生负离子，还能产生臭氧，臭氧具有很强的氧化力，既可杀菌，还可抑制机体活性。负离子遇到空气中的正离子，会相互结合并消失，不会残留有害物质。负离子是一种良好的保鲜方式，操作简便，成本也较低。

将鲜菇装袋后，每天用浓度为 $1×10^5$ 个/m^3 的负离子处理 1~2 次，每次 20~30min，能较好地延长鲜菇的货架期。

六、食用菌保鲜案例

（一）金针菇保鲜技术

金针菇采收后，若不进行妥善处理，会发生后熟和褐变。但新鲜金针菇经过加工后，风味和营养价值会有所下降，还会降低其商品价值。所以，对新鲜金针菇进行短期贮藏保鲜是非常必要的。其保鲜的原理是防止失水，抑制呼吸和防止褐变。常采取的技术主要有冷藏、真空保鲜两种。

1. 冷藏

当金针菇柄长 10cm，菌盖不开伞、菇鲜度好的时候进行采收最好。采收前一天，停止喷水并采下菇丛，去除杂物、畸形菇和病体菇。然后按照等级要求对金针菇子实体进行分级，并用 0.004~0.008cm 厚、大小为 23cm×35cm 的聚乙烯塑料袋进行装袋，每袋装 200~300g。在光线较暗、湿度较大、温度为 4~5℃ 的环境中，可贮藏 5d 左右，品质基本不变。

2. 真空

采收、分级、装袋与冷藏技术相同。装袋后，在真空封口机中抽真空，以减少袋内的氧气。在温度为 1~5℃ 的环境中，可贮藏 15d 左右，品质基本不变。

（二）杏鲍菇保鲜技术

杏鲍菇常采用的保鲜技术为真空保鲜。在菌盖还未展开，孢子还未扩散之前进行采收，然后将菌柄基部用不锈钢刀削好。按质量标准进行分级，然后选用 0.004~0.008cm 厚的聚乙烯塑料袋，每袋装 5kg 左右。之后在真空封口机中抽真空，以减少袋内氧气。在温度为 1~5℃ 的环境中，可贮藏 15d 左右，品质基本不变。

第二节　食用菌的加工技术

食用菌中含有蛋白质、维生素等多种营养物质以及大量的水，非常有利于微生物的滋生繁衍，从而造成腐烂变质，极不适于长期贮藏。另外，在包装、运输过程中，新鲜的食用菌也容易造成破损而使产品的商品价值降低。所以，这就需要对其进行加工处理。以延长贮藏保存时间，减少菌体变质损耗，从而可以进行远距离运输。不但可以保证菇农的经济利益，还能满足市场需要。

食用菌加工保藏就是利用物理的、化学的和生物学的方法抑制各种腐败性微生物的活动，把食用菌产品制成耐贮藏的制品，以达到长期保存的目的。食用菌的常规加工技术主要有干制、盐渍、糖藏、冻藏以及罐藏。

一、干制

食用菌的干制技术也称烘干、脱水加工等，是食用菌加工保存的一种常用方法，它是在自然条件或人工控制条件下，保证产品质量的同时，利用外源热，促使新鲜食用菌子实体中水分蒸发的工艺过程。经过干制的食用菌称为干品，干制品不易腐败变质，可长期保藏。

有的食用菌（如香菇）经干制后可增加风味，改善色泽，从而提高商品价值，比如香菇、黑木耳、竹荪、灵芝和银耳等。但也不是所有的食用菌都适合进行干制处理，比如双孢菇干制后，鲜味和风味均会降低；平菇和猴头等比较适合鲜吃。

为了提高干制品的质量，可根据不同的食用菌采用不同的采收期和处理方法，并在干制之前去除菇体基部的泥土和杂物以及蒂头，还要将其中的畸形菇和病虫菇体剔除，然后按鲜菇标准分成不同等级，再根据不同等级分别进行干制处理。

（一）干制方法

干制主要有自然干制、人工干制和冷冻干制。

1. 自然干制

自然干制主要是利用风吹日晒等自然条件来干燥原料。常用的自然干制的方式是晒干，包括晾干和晒干。晒干过程一般为 2~3d，后熟作用强的菇类一定要在采收当天作灭活处理（一般采用蒸煮方式）后再晒。

将处理后的原料，均匀摊在晒筛上暴晒至干。摊晒时，注意不能摊得过厚，还要经常翻动，翻动时要小心操作，以免造成破损。经过晒干后，不仅利于保存，还可以提高菌类品质和营养价值。

自然干制缓慢，所需的时间较长，还常受天气的影响。在晒干过程中，如果出现阴雨天气，不仅会延长干燥时间，还容易降低产品质量，严重时还会引起大量腐烂。并且在保藏过程中，容易返潮、生虫发霉，不利于长期保存。

2. 人工干制

人工干制不受气候条件的影响，与自然干制相比，不仅干燥快、省工、省时，而且人工干制品的色泽好、香味浓、外形饱满、商品价值很高。烘烤过程中，还可以杀死霉菌孢子和害虫，对商品的长期保存更加有利。

人工干制的常用方式是烘干，即在烘房中用炭火或电热等对鲜菇进行干燥。烘干主要分为以下几个步骤。

（1）准备。多数食用菌在采收后，都要去除杂物、蒂头、畸形菇和病体菇，再进行分级，然后便可以进行烘烤了。

但有些食用菌，比如草菇、金针菇、蘑菇等，在干制后，其风味会有所降低，这就需要在脱水前做进一步的处理：草菇在烘烤前，一般要用锋利的不锈钢刀或竹片纵剖成两片，然后切口向上平摊在烤筛上烘烤；蘑菇要切成 2~3mm 薄片，摆在烤筛上烘烤，勿重叠；金针菇要先洗净，然后在蒸笼中蒸10min 左右，再扎成小捆整捆摊在烤筛上烘烤。

（2）装筛。按菇的厚薄、大小和干湿分放在烤筛上，开始时要稍微薄些，烘烤后期可适当加厚。

（3）预热。烘房使用前，要先进行预热，一般至 40 ~ 45℃即可，这样可缩短烘烤时间。

（4）升温。烘烤初始阶段，温度一般为 35℃左右，以后每小时升高 1~2℃，最后使温度达到 60~70℃。当温度升至60~65℃ 时，水分已散发 70% 左右，这时将温度降至 50~55℃，继续烘烤 2~3h。

（5）调筛。在烘烤过程中，将最下部的第一层、第二层烘筛与中部的烘筛互换位置，这样可使成品干燥程度一致。

在干制升温过程中，如果温度过高，会使菌盖变黑，菌褶弯曲。原料烘烤至八成干时，停止加热，在烘房温度降到35℃左右后，再进行加热，这样可减少干燥时间。

（二）包装

对干制完成的产品进行再分级，然后放入塑料袋、复合薄膜袋或白铁皮桶中密封，防止返潮。

（三）贮藏

用于贮藏干品的仓库应该保持清洁、干爽、低温，同时还要采取一些防虫、防鼠的措施，比如在塑料袋中放入一小瓶二硫化碳以防虫蛀。贮藏过程中还要定期检查干品的保存情况，为了防止吸湿霉变，可在塑料袋中加入一小瓶用棉花作塞的无水氯化钙。

二、盐渍

盐渍加工时，一般选用不锈钢制品，或用竹、木以及塑料制品作工具，如果使用铁、铜、锡等金属制品，很容易引起加工产品变色而降低商品质量。所选用的食盐必须是高质量的精制盐，以免食盐中含有的一些杂质使产品质地变粗变硬，甚至在菇体表面留下斑痕，严重影响产品的风味和外观。

盐渍加工后的产品含盐量一般为25%，产生的压力远远大于一般微生物的细胞渗透压，从而抑制微生物的生长繁殖，甚至还会使微生物细胞内的水分外渗，而使微生物处于休眠或死亡状态。

盐渍的加工工艺如下。

（一）采收

在菇蕾期采收最为适宜，选择好的原料菇，当天采收，当天加工。如果采收不及时，将会影响盐渍菇的质量。

（二）漂洗

盐渍同干制一样，必须对原料分级整理，用质量浓度为 6g/L 的盐水洗去菇体表面的尘埃、泥沙等杂质，注意保证菇体完整、无破损。接着用 0.05mol/L 柠檬液（pH 值为 4.5）漂洗，既能起到护色作用，又能抑制食用菌表面附着的微生物的生长发育。

（三）杀青

杀青指在稀盐水中煮沸、杀死菇体细胞的过程。在铝锅或不锈钢锅内，将稀盐水加热煮沸，将整理和洗涤好的食用菌原料放入锅内煮制，边煮边轻轻搅动，及时将锅中的菇沫滤去，一般煮 5~7min 即可。

杀青可抑制酶活性，防止子实体开伞褐变，还能使细胞膜结构遭到破坏，增加细胞的透气性，从而有利于菇体内水分的排出和盐水进入菇体。

（四）冷却

将杀青后的菇体从锅中小心捞出，立即放入盛有清洁冷水中进行冷却，冷却时一定要待菇心凉透，才可进行盐渍，否则盐渍后很容易发黑、发霉、腐烂。冷却 30min 后捞出，滤水 5~10min。

（五）盐渍

在缸内配制浓度为 15~16 波美度的饱和盐水，配制时，食盐要用开水搅拌溶解，直到盐不能溶解为止，冷却后取其上清液用纱布过滤，使盐水达到清澈透明即可。

将冷却滤水后的菇体按每 100kg 加 40~60kg 食盐（精盐）的比例逐层盐渍。先在缸（或桶）底铺一层菇，再铺一层盐，盐的厚度以看不见菇体为准，依次一层菇一层盐。装满缸后，向缸内灌入煮沸后冷却的饱和盐水以提高盐渍效果。表面放上竹帘，再压上干净石块等重物，使菇浸没在盐水内。注意菇体不能露出盐水面，否则菇体易发黑变质。盐渍 3d 后，将菇体捞出，放入 23 波美度的盐水缸中继续盐渍。此期间每天倒缸

1 次，并经常用波美比重计测盐水浓度，使盐水浓度保持在 23 波美度左右。若测得盐水浓度偏低，可加入饱和盐水进行调整或倒缸。盐渍 7d 后，缸内盐水浓度稳定在 23 波美度不再下降时出缸。

（六）装桶

将盐渍好的菇体捞出并沥尽盐水，然后用塑料桶分装，向桶内注满 20 波美度的盐水，并用 0.2% 柠檬酸将盐水 pH 值调至 3～3.5，再精盐封口，排出桶内空气，盖紧内外盖即为成品。

三、糖藏

糖液浓度较高时，具有很强的渗透性，从而抑制微生物的生命活动，甚至造成其细胞原生质脱水而收缩，使其处于假死状态，同时氧气在高浓度糖液中的溶解度很小，具有一定的抗氧化作用，因此，利用糖藏可以达到贮藏的目的。

糖藏的加工工艺流程如下。

（一）切分

分级后，根据加工的不同需要，将原料切成薄片或条块，这样可在糖煮时，使糖分较易渗入。

（二）硬化

如果食用菌的肉质较软，可用石灰、氯化钙、亚硫酸氢钙等溶液浸渍原料一定的时间，使组织硬化耐煮。需要注意的是，硬化剂的用量要适宜，若是用量过大，会导致原料对糖的吸收能力下降，从而使产品的质地变粗。

（三）漂洗预煮

硬化处理后的食用菌，需要进行多次漂洗，以除去表面残留的硬化剂。漂洗之后，再对原料进行预煮，这样可使原料变软透明，糖制时易于糖分的渗入。

（四）煮制

煮制时，采用容量较小的不锈钢双层锅或真空浓缩锅，不能使用铁、铜等金属锅，既能避免变色或金属污染，又能防止组织软烂和失水干缩等不良现象的发生。其煮制方法主要有3种。

1. 一煮

用浓度为45%~60%糖液加热熬煮原料。初始阶段，食用菌会排出一些汁液稀释糖液浓度，这时就需要向锅内加入浓糖液或砂糖。煮制1~1.5h，糖液浓度达到75%左右时即可出锅，然后滤干制品上的糖液，再经干燥即为成品。

2. 多煮

多次煮成法适用于组织柔软、易烂且含水量较高的原料。将浓度为30%~40%的糖液煮沸，然后放入处理过的原料，煮制2~3min后，与糖液一同倒入容器中，冷放浸渍一昼夜，使糖分渗到原料中。然后将糖液浓度增高10%~20%后煮沸，2~3min后倒入容器中，浸渍8~24h，此操作一般进行2~4次。最后将糖液浓度增高到50%左右煮沸，将浸渍的原料倒入其中，煮制过程中，需向锅中加糖2~3次。当原料变得透明发亮，糖液浓度达65%以上时即可出锅，然后滤干表面的糖液，干燥后即为成品。

3. 速煮

将处理过的原料装入提篮内，然后放入糖液中煮，煮沸4~8min后，立即提出，浸入15℃的糖液中冷却5~8min，再提高糖液浓度，煮沸4~8min，再提出，放到15℃糖液中冷却，如此反复4~6次即可。

（五）烘干

煮制干燥后，制品应保持其完整性和饱满状态，质地紧密而不粗糙，不结晶，糖分含量在72%左右，水分在18%~20%以下。烘干时，将温度保持在50~60℃，如果温度过高，容易造成糖分结块和焦化。

（六）整理

干燥过程中，制品常会收缩而导致变形，严重时会破碎。所以干燥后，需对制品进行加工整理，使其外观保持整齐一致，这样可便于包装。包装时应注意防潮、防霉。

四、蘑菇冻藏的生产工艺

食用菌冻藏技术就是将鲜菇放在低温的环境中，使菇体内的水分迅速结成冰晶，然后放入低温冷库中保藏。

纯水的冰点为0℃，而菇体组织所含的水分中含有无机盐、糖、酸、蛋白质等，所以其冰点要略微低一些。当环境温度达到冰点时，菇体组织中水分开始由液体转变成固体，形成的冰晶多且体积小，不会造成细胞组织损伤，不仅可以保持其原有的形态、品质和风味，还可抑制微生物的活动，从而达到较长期的贮藏。

蘑菇冻藏的生产工艺如下。

（1）挑选菌盖完整、色泽正常的菇体作为加工原料。

（2）采收后，先放在0.03%焦亚硫酸钠溶液内漂洗，清除泥沙及杂质，然后放入0.06%焦亚硫酸钠溶液内浸泡2~3min进行护色。

（3）将蘑菇放入100℃的0.15%~0.3%柠檬酸液中预煮1.5~2.5min，然后放入3~5℃流动的冷却水中进行冷却。

（4）去除不符合质量标准的菇体，将合格的菇体进行修整、冲洗，以备用。

（5）将菇体表面的水分滤干，并单个排放于冻结盘中，然后放入螺旋冻结机中，在 -40℃ 至 -37℃ 的温度下冻结 30~45min。

（6）取出已冻结的蘑菇，在低温房内逐个拣出放入小竹篓中，每篓装约 2kg，然后放入 2~5℃ 的清水中浸泡，2~3s 后提起竹篓并倒出蘑菇。菇体表面会迅速形成一层透明的薄冰，可使菇体与外界隔离，防止蘑菇干缩、变色，从而达到延长贮藏的目的。

（7）将结有冰衣的蘑菇用无菌塑料袋分别盛装。

（8）将装好袋的产品放入冷库内贮藏。冷库温度维持在 -18℃ 左右，上下波动不超过相对湿保持在 95%~100%，可贮藏 12~18 个月。

五、罐藏

食用菌罐藏就是将新鲜食用菌经过一系列处理后，装入特制的容器中，经过排气密封、隔绝外界空气和微生物，再经过加热，来杀死罐内微生物或使其失去活力，并破坏食用菌酶的活性，抑制其氧化作用，使罐内食品能够较长时间地保藏。罐藏工艺主要包括原料处理、装罐、注液、排气、密封、杀菌和冷却等几个环节。

（一）原料处理

（1）严格挑选原料菇，去除过熟、变色、畸形、霉烂、病虫害等不合格的原料，按大小、成熟度、色泽等分级标准来分级并及时加工处理。

（2）在质量浓度为 0.3g/L 的焦亚硫酸钠溶液中浸泡菇体 2~3min，然后再将菇体放入质量浓度为 1g/L 的焦亚硫酸钠溶液中漂白，之后再用清水洗净。

（3）将2%的食盐水烧开，然后将菇体放入其中煮熟（注意不能煮烂），既可抑制酶的活性，减少酶引起的化学变化，又能排除菇体组织内滞留的气体，使组织收缩、软化，减少脆性，既便于切片和装罐，又可减少铁皮罐的腐蚀。

（4）将煮熟的菇体立即放入清洁的流水中冷却。

（5）对冷却后的原料进行分级，一般采用滚筒式分级机或机械振荡式分级机。

（二）装罐

生产上常用的罐藏容器主要是马口铁罐，一般采用手工或封罐机装罐。

空罐使用前要进行严格检查，将不合格的空罐剔除。装罐前，用80℃热水对空罐进行清洗消毒。装罐时，要保证每罐的质量均匀一致，由于成罐后内容物质量减少，一般在装罐时增加规定量的10%～15%。

装罐时，还要注意在内容物表面与罐盖之间留有一定的顶隙。顶隙过小，加热杀菌时，会因为食物膨胀而使罐内压力大增，造成罐头底盖向外突出，严重时可能出现裂缝；顶隙过大，则在杀菌冷却后，罐内压力大减，导致罐身内陷。另外，如果顶隙过大，罐内会存留较多的空气，容易引起食品氧化变色。

（三）注液

原料装好后，注入0.12%的柠檬酸或含盐量为1%～2%的盐液，可增加产品的风味，还能填充食用菌之间的空隙，既排除了空气，又可加快灭菌、冷却期间热的传递。

（四）排气

空气中氧气会加速铁罐表面铁皮的腐蚀，所以要进行排气处理，以除去罐内的空气。排气主要有两种方法：一种是原料装罐注液后，先进行加热排气，再封盖；二是用真空泵抽气后，再封盖。

采用真空泵抽气时，抽气和封罐必须密切配合，可用真空封罐机进行，即将真空泵装在封罐机上。

（五）密封

排气后，必须立即密封，以防外界空气及腐败性细菌污染而引起败坏。以前常用手工焊合封盖，现在除螺旋式和旋转式玻璃罐头可用手工进行外，其他必须使用双滚压缝线封罐机来完成。这一过程必须严格控制，才能保证容器的密封。

（六）灭菌

灭菌的目的是使罐头内容物不受微生物的侵染。采用高温短时间灭菌，有利于保持产品的质量。对于含酸较多的产品，可采用高压蒸汽灭菌，也可用常压灭菌法。大部分食用菌罐头，由于含酸较低，因此，一般需用115~121℃的杀菌温度和较长的杀菌时间才能彻底杀菌。

（七）冷却

杀菌完毕后，罐头必须迅速放入冷水中冷却，否则会使产品色泽、风味发生变化，组织结构遭到破坏。玻璃罐不能直接投入冷水中冷却，水温要逐步降低，以免引起玻璃罐破裂；马口铁罐可以直接放入冷水中，待罐温冷却到38~40℃时取出，利用罐内的余热使罐外附着的水分蒸发。

对于生产出的罐头，应及时抽样检验，一般先进行保温（55℃下保温5d），再进行酸败菌培养检验以及耐热芽孢数的检验，以指导生产，确保质量。然后打印标记并包装贮藏。贮藏期间，要严格控制贮藏的温度（10~15℃）和空气相对湿度（15%~70%）。

第八章　食用菌产品的市场营销

　　食用菌自古就被视为"山珍"，有着广阔的国内外销售市场。只要实时把握市场规律，制订行之有效的营销策略，就能创造出可观的经济效益和社会效益。"得市场者得发展，小蘑菇也有大市场"，开创出自己的食用菌产品品牌，形成特色食用菌产业也是至关重要的。

第一节　食用菌产品的市场分析

一、食用菌产品有着广阔的国内外销售市场

（一）食用菌产品畅销于国内外市场

　　随着我国国民经济的快速发展，居民的收入水平越来越高，对食品的需求日益提高。人们对绿色食品如低糖、低脂肪、高蛋白的食品消费需求日益旺盛，此类食品的营业额一直保持较强的增长势头。食用菌是营养丰富、味道鲜美、强身健体的理想食品，也是我们人类的三大食物之一，同时它还具有很高的药用价值，是人们公认的高营养保健食品。食用菌生产既可变废为宝，又可综合开发利用，具有十分显著的经济效益和社会效益。随着人民生活水平的不断提高和商品经济的进一步发展，食用菌产品不仅行销于国内各大市场，而且还畅销于国际市场。

（二）我国食用菌行业发展态势明显

我国食用菌行业发展态势明显，主要体现在连锁经营、品牌培育、技术创新、管理科学化为代表的现代食品企业，逐步替代传统食用菌业的随意性生产、单店作坊式、人为经验生产型，快步向产业化、集团化、连锁化和现代化迈进，现代科学技术、科学的经营管理、现代营养理念在食用菌行业的应用已经越来越广泛。

（三）食用菌产业已经到了发展的黄金时期

从国家政策和社会大环境来看，食用菌已经到了发展的黄金时期。由于规模化食用菌栽培是劳动密集型产业，在解决劳动就业方面有着非常重要作用，而目前解决劳动就业问题是各级政府为民谋利的主要体现和政策取向。

（四）食用菌行业能带动相关产业发展

食用菌行业还能带动畜牧业、种植业的发展，是解决"三农"问题、增加农民收入的一个重要行业，在我国工业化、城镇化和农业现代化方面发挥着重要的作用，所以国家在税收政策、产业政策等方面给予了大力扶持。

（五）我国是世界上最大的食用菌消费市场

在市场方面，我国的城市化步伐加快，大量的农村人口逐步城市化，原有城市人口的消费能力逐步增强，由于人口众多和我国经济的持续高速发展，在"民以食为天""绿色健康饮食"的文化背景下，我国已经成为世界上最大的食用菌生产消费市场。

二、我国食用菌产销现状及发展动态

分析我国食用菌产业现状及特征，探索破解制约食用菌产业发展瓶颈，提出科学合理的创新发展构想，对于做大做强食用菌产业、提高产业科技含量、挖掘产业发展潜力、提高产业经济效益、促进产业持续健康发展具有积极意义。

（一）当前食用菌产业生产方式及优劣势

1. 生产经营分散，产业集约化程度不高

据湖北省香菇生产基地随州市的调查，户均种植段木香菇4 000棒、代料香菇30 000袋；双孢蘑菇生产大多也以小规模为主，在新洲区的生产者中，户均种植规模为280m²，基本上都属于作坊式的农户生产。这种分散化的生产方式给产品质量控制、市场风险防御、产业稳定发展等带来较大困难，农户效益也难以得到有效保障，产业集约效益无法实现。

2. 生产方式较粗放，资源消耗和环境污染现象较严重

当前食用菌栽培过程中，林木与农作物秸秆等原料的利用效率低，现有森林资源的材耗严重，食用菌栽培后产生的废弃物再分解与再利用效率低，没有完全实现食用菌产业的"清洁生产"，提高食用菌的生物转化率，减少环境污染仍需重视。加强对现有森林资源的保护，以"造用结合，动态平衡"为原则，以真正实现造林与用林挂钩，保护森林生态，为木腐食用菌的可持续发展提供充足的原料和良好的生态环境任重道远。

3. 食用菌市场流通体系不够健全

虽然基本形成了以批发市场、集贸市场为载体，以农民经纪人、运销商贩、中介组织、加工企业为主体，以产品集散、现货交易为食用菌产品的基本流通模式，以原产品和初加工产品为营销客体的流通格局，但是，食用菌市场流通规则尚未建立和完善，市场主体行为混乱无序，加之缺乏准确、快速覆盖全国的市场信息网络以及相关的市场预警系统，隐藏了较大的市场风险。

4. 食用菌加工水平较低，产品附加值不高

目前，我国食用菌初加工产品比重高于 85%，主要是采用鲜销（如平菇、草菇、金针菇、白灵菇、杏鲍菇等）、干制（如香菇、木耳、银耳、猴头菌等）、盐渍（如双孢蘑菇、草菇、鸡腿菇等）、速冻等的方式。我国食用菌的深加工产品极少，特别是许多具有重要保健作用的食用菌加工产品的开发更是严重滞后，加工增值占食用菌总产值不足 10%，而日韩等发达国家一般是 30%~40%。

5. 生产成本加速上升，利润空间被压缩

调查数据显示，近几年主要生产要素成本迅速上升。木屑颗粒、优质麦麸、玉米芯、棉籽壳等价格大幅度上涨。加上国内流动性过剩（过多的货币投放量）带来的劳动力、菌种价格的上涨，食用菌生产成本增加，投入产出比由 1：3 下降到 1：2，菇农利润空间受到压缩，生产积极性降低。

（二）现有的生产与营销模式

1. 分散的农户生产形式

自产自销，优点是原料就地取材，设备投入资金少，成本低，部分产品就地销售与市场对接快，中间环节少，利润空间大；部分产品由销售商贩销售；缺点是生产受季节、环境影响大，产品的产量和质量稳定性差；生产规模小、分散，产品销售易受商贩的控制而缺失销售的主动权，价格上受市场影响相对波动较大。我国食用菌生产出 70% 以上的产品是以这种方式进入市场的，包括一些工厂化栽培和设施栽培生产的产品。

2. 龙头企业设基地带动农户的形式

其优点是组织化程度相对高一些，是以龙头企业带农户松散的合作方式，技术管理和抵御市场风险能力均增强；还是属于食用菌的"中小企业",对市场的驾驭能力稍弱,在标准化生产和满足市场周年供应上欠缺实力。

3. 农民合作社形式

近几年兴起的农民合作社,是国家为了解决农民"一家一户、各自为政"而鼓励菇农自发的、带有地域特征的合作组织;需要在菇农中涌现出"经纪人"式的管理者;很多省的菇农均已尝试这种组织形式进入市场,并已积累了一定的经验。

4. 规模化生产经营

技术先进,资金投入大,厂房设计规范,生产环境可控性好,产品质量相对稳定,可满足市场的周年供应;但能源消耗大,生物转化率较低(大部分品种均是采收一茬),完全按照工厂化的运行模式进行,对管理团队要求比较高,承担的技术与设备、生产与市场等的风险比较高。近几年,我国在一线发达城市食用菌工厂化快速发展,每年都有生产能力在日均 10~20t 的数十个食用菌工厂建成,绝大部分为初级产品,缺乏自主品牌;2009 年我国工厂化企业不足 50 家,2014 年规模化生产企业已经达到 650 余家,5 年累计增长逾十多倍。食用菌产能也随之剧增,竞争的结果使产品售价急剧下滑,许多工厂化企业举步维艰。

(三) 食用菌销售市场的发展动态

近几年,食用菌产业也面临着多方面挑战,关注发展动态,迎难而上;知己知彼,抓住机遇,勇迎挑战。

1. 出口贸易的"技术壁垒",折射产品质量观

近几年,出口贸易的"技术壁垒"成为制约食用菌产业发展和出口的重大障碍。我国食用菌生产主要是依靠自然气候条件,由分散农户进行生产,这种生产模式在一定的时期为农

民增收、食用菌发展起到重要的作用。但新形势下，暴露出许多弊端。如农户栽培管理不严格，技术参差不齐，不注意对环境的保护等；对食用菌栽培技术和育种的研究只注重追求产量，忽视产品质量；为获得高产，有时过多地使用增产素；为防治病虫害过多地使用杀菌剂和有毒农药，甚至为产品美观使用硫黄熏蒸；为保鲜使用甲醛等不正当方法，造成食用菌的污染，药残超标而被限制出口。对食用菌无公害栽培技术研究及相应生产标准和加工体系的建立没有引起足够的重视，这必将制约我国食用菌的进一步发展。

加强食用菌产品质量安全体系建设，提高产品市场竞争力尤为重要。食用菌产品质量是市场竞争力的重要决定因素，也是做大做强该产业的重要条件。建立完善的食用菌产业生态安全体系和产品质量安全体系，对于提升我国食用菌产业产品质量、安全水平和市场竞争力，促进产业增收增效和可持续发展具有重要作用。

食用菌生产具有技术含量高、实践性强等特点，为适应和解决"技术壁垒"问题，应尽快建立食用菌标准化生产体系，包括原料的选择和处理、菌种生产、无公害食用菌栽培技术、食用菌加工等技术体系，使菇农尽快能够达到"生产标准化，经营国际化"的要求。

2. 外来冲击力是双刃剑，激发市场活力同台共舞

日本、韩国等国的工厂化栽培的发展迅速，在于政府的大力扶持，农民在建厂时提出申请就可以获得政府 40%~50% 的固定资产投资补贴。韩国多个部门一直对食用菌产业进行扶持补助，政府对出口再加以补贴，因此，韩国产品的国际竞争力很强。

我国的食用菌产业在很多专家特别是老一辈人的艰苦努力下蓬勃发展起来，创造了辉煌的成就。但是新的挑战已经来临

了，在新的市场经济环境下，市场的变化速度越来越快，我们不仅要科研同时更要适应市场的变化，科研需要直接面对市场并参与市场竞争。

日本、韩国设备工厂和栽培工厂已投向我国，全球化的今天，意味着国际市场竞争的必然性，而我国的工厂化产业刚刚起步，却迎来了国际竞争对手的压力，我国的菌种科研企业及自动化设备的制造企业要面对的市场是全球性，竞争也是全球性的。

针对目前国内、国际市场急需优质高产食用菌品种，首先应广泛收集食用菌野生种质资源，利用分子生物学技术对所收集的野生资源与表现优良的栽培品种进行遗传差异分析，为合理选用亲本提供依据；然后以孢子或单核原生质体杂交技术为研究方法，最终培育出优质、高产、抗病虫害、抗逆性强、耐储运、具有自主知识产权的新品种。

3. 国内消费是主力，国外市场要开拓

食用菌是一种绿色食品，适合现代人对膳食结构调整的需求，国内外市场前景一致看好。近20年来国内食用菌市场的需求直线上升，尤其是长三角、珠三角、环渤海湾等发达地区销量更大。仅上海地区而言，20世纪90年代初，食用菌日消费量不足20t，现在上海市日均消费各种食用菌200t左右。这不仅大大丰富了市民的菜篮子，满足了人们对食品安全、卫生、健康的需求，也极大地推动了我国食用菌产业的加速发展，使我国成为世界上食用菌总产量最高的国家，年生产量占世界总产量的65%。目前，我国已是全球最大的食用菌生产国。近年来在技术上引进快，改进也快。同时，中国食用菌产业潜力巨大，如果每个中国人每天吃3个蘑菇的话，这个市场将庞大到无法估量。

欧美食用菌市场经过多年的普及推广、探索引导，消费者已从过去单一青睐白色菇类（如双孢菇、平菇等），发展为对深色菌菇（如香菇、木耳、灵芝等）也普遍接受，表现为销量逐年上升，品种逐渐丰富。2013 年我国食用菌出口量占世界食用菌贸易量的 48%，占亚洲总出口量的 80%。我国已经成为名副其实的食用菌出口大国。

第二节　国内外食用菌市场的营销策划

一、注意发展适销对路的名、特、优新品种

了解市场需求，优化品种结构，一定要选择适销对路的品种。在菌株选择中，菇农要根据当地资源、气候等条件，搞好适应性试验示范，因地制宜地发展具有区域特色的品种，特别是要注意发展适销对路的名、特、优新品种。

二、抓好规范化栽培和标准化生产的示范基地建设

实施食用菌技术推广支持政策。加大食用菌新型栽培技术推广资金的支持力度，重点用于对配套技术的试验、示范和推广应用，以及对菇农的科技培训工作，促使良种良法配套，进一步提高配套技术的入户率和到位率。要建立符合市场需要的新技术研究和扩繁体系。各食用菌科研机构和各级菌种厂站、食用菌推广部门，应围绕食用菌优良品种选育、病虫害防治、产品保鲜、加工、储运等方面开展研究推广，及时将科研成果转化为生产力，尽快提高食用菌种植户的科技素质，抓好规范化栽培和标准化生产的示范基地建设，强化新技术、新品种的集成创新。

三、提升食用菌产品质量

食用菌的产品质量是市场竞争力的重要决定因素，也是做大做强食用菌产业的一个重要条件。建立完善的食用菌产业生态安全体系和产品质量安全体系，对于提升我国食用菌产业产品质量、安全水平和市场竞争力，以及促进食用菌产业增收增效和可持续发展具有非常重要作用。

（一）促进标准体系的不断完善

可根据绿色产品的质量标准和生产技术操作规程，制定食用菌产品的相关生产程序；可以根据各地方特殊情况，发布地方性的生产和质量标准，尤其是在主要原辅材料和生产环境的标准上，要加大质量标准的制定与实施力度。

（二）开展法规宣传，使食用菌产品质量安全观念深入人心

通过开展"农业下乡""科技下乡"春季农业技术培训、农业法制宣传月等，采取办培训班、制作电视专题片、电台热线，举办现场咨询会等，广泛深入开展《中华人民共和国农产品质量安全法》等法律法规宣传，努力使食用菌产品质量安全法律法规进村入企，家喻户晓。

（三）实行全流程标准化生产

保障食用菌产品质量安全，标准化生产是关键，在提高人们认识的同时，狠抓优质食用菌产品生产基地建设，加大产品标准化生产技术推广力度，以现代农业展示中心为依托，在各地大力兴办食用菌标准化生产技术示范区，推动食用菌标准化生产。

（四）开展投入品专项整治

强化食用菌生产投入品监管，是实现食用菌产品质量安全的保障。农药、菌种、肥料等农业投入品的使用，直接关系到

食用菌产品质量安全，应当根据食用菌生产的季节特点，将常年监管与专项整治有机结合起来，组织从业人员进行法律法规和技术培训，提高经营者的安全责任意识，积极开展农资打假和市场整治，严厉查处生产、销售和使用高毒农药行为，对农资经销实行许可证制度，引导经营户实行进货检查验收制度，并建立购销台账。

四、加强食用菌产品加工企业的管理

食用菌产品加工企业规模偏小和精深加工水平低，以及加工转化率不高是当前影响食用菌产品竞争力的重要因素，因此要采取一些有效措施进行改善。

（一）加强食用菌工作的领导和管理

食用菌产业在全国新一轮农业结构调整中被作为一个重点来抓，已列为我国高效生态农业、创汇农业和特色农业的一个重要组成部分。今后应在政策扶持、资金投入、信息引导、技术普及等方面给予支持，以加快食用菌产业的发展。另外，要加强食用菌行业管理，杜绝劣质菌种的生产和销售，为农民提供优质高产食用菌菌种。要加大资源整合，通过资产重组和结构调整，以市场前景好、科技含量高、辐射带动力强的食用菌产品加工企业为主体，将散、小、弱的企业整合为大型企业（集团），实行跨行业、跨地区、跨所有制经营，不断增强企业抗风险和参与国际竞争的能力。

（二）支持企业科技研发工作，加大资金支持力度

各级政府要将食用菌产品精深加工纳入农业强省富民战略规划中，加大对食用菌产品精深加工企业的扶持力度。加强对食用菌保鲜技术和深加工技术研究。为延长食用菌鲜食品的货架寿命，应加强对食用菌保鲜技术研究，研究出保鲜效果好而

且无毒的化学制剂、生物制剂和物理方法。另外，食用菌含有丰富的氨基酸、多糖和生物活性因子。因此，要重视食用菌系列保健食品的研究和开发，开发食、药兼用系列新药品。

(三) 利用新型科技成果和工业化装备来武装龙头企业

要按照"公司+基地+农户"的农业产业化经营模式，围绕食用菌优势农业产业，整合力量，突出重点，搞好企业与基地对接，不断壮大龙头企业。要利用新型科技成果和工业化装备来武装龙头企业，逐步改变食用菌产品精深加工环节的技术和工艺薄弱的现状，不断提高食用菌产品加工转化率。

五、完善食用菌产品大市场流通体系

推进食用菌产品市场体系建设，促进食用菌产品的合理高效流通培育，完善食用菌产品市场体系，是推动我国食用菌产业化经营、做大做强现代菌业的重要环节。应采取政府、集体、农户相结合，多渠道、多形式地建设市场。要积极培育和完善食用菌产品物流主体，加强食用菌产品物流基础设施建设，支持食用菌重点批发市场建设和升级改造，落实食用菌批发市场用地等扶持政策，搭建食用菌产品物流信息平台，发展食用菌产品大市场大流通。

(一) 建设食用菌产品批发市场体系

在食用菌主要产区和集散地，分层次抓好一批地方性、区域性的食用菌批发市场建设，打造具有较强辐射功能的专业性批发市场，改造升级传统批发市场，重点培育一批综合性产品交易市场，优化农产品批发市场网络布局。国家农业部早在2007年曾投资兴建了4家食用菌批发市场：吉林蛟河黄松甸食用菌批发市场、黑龙江省中国绥阳黑木耳山野菜批发市场、河北平泉中国北方食用菌交易市场、福建省古田食用菌批发市场。各地也结合产业发展需求建立了一些批发市场。例如，南阳西峡双龙镇食用菌交易市场，湖北随州草店镇食用菌交易市场等，为食用菌产品的营销发挥了重要作用。

（二）加快食用菌产品的流通开放

加大农产品流通项目招商引资，着重引进跨国物流公司、世界知名食用菌产品加工企业和国内大型食用菌产品经营企业，促进生产要素快速集聚，投资建设食用菌产品物流园区，或直接从事食用菌产品流通，改善产品交易和信息服务系统，提高产品流通能力，以进一步提升我国食用菌产业的国际竞争力。

（三）加快食用菌产品流通队伍建设

引导多种经济组织和专业大户参与食用菌产品流通，大力发展食用菌产品购销大户、经纪人队伍，发展代理批发商和经纪人事务所，鼓励一部分农民从生产环节脱离出来，专职从事食用菌产品贩销，带动菇农进入市场。

（四）发展食用菌产品现代流通业务

鼓励创新食用菌产品的交易方式，积极推行食用菌产品"衔接基地、连锁配送、全程控制"模式，加快发展产品连锁经营、直销配送、电子商务、拍卖交易等现代流通业务，引导和鼓励连锁经营企业直接从原产地采购，与食用菌产品生产基地建立长期的产销联盟，以农产品流通发展带动食用菌产业的专业化、产业化和规模化，提升产业竞争力。

（五）健全食用菌产品流通信息服务体系

依托食用菌产品批发市场交易平台和商务网络平台，发布世界各国和我国重要食用菌产品生产与供应信息、科技成果信息、食用菌产品主产区的气象信息、主要经销商信息、主要食用菌产品产量信息、价格信息以及预测走向等，强化信息引导生产功能和沟通产销衔接功能，实现菇农增产增收。

主要参考文献

曹德宾. 2015. 食用菌基础及制种技术问答 ［M］. 北京：化学工业
　出版社.

郭尚. 2014. 食用菌栽培基础与应用 ［M］. 北京：中国农业出版社.

李育岳，等. 2012. 食用菌栽培手册 ［M］. 北京：金盾出版社.

浦学文. 2015. 食用菌生产技术 ［M］. 北京：中国农业出版社.

山东省农业技术推广总站. 2015. 食用菌关键技术培训教材 ［M］.
　北京：中国农业出版社.